职业技能等级认定培训教程

物联网安装调试员

（初级）

中国就业培训技术指导中心
人力资源和社会保障部职业技能鉴定中心 组织编写

中国劳动社会保障出版社

图书在版编目（CIP）数据

物联网安装调试员 ：初级 / 中国就业培训技术指导中心，人力资源和社会保障部职业技能鉴定中心组织编写. 北京 ：中国劳动社会保障出版社，2024. --（职业技能等级认定培训教程）. -- ISBN 978-7-5167-5954-7

Ⅰ. TP393. 4；TP18

中国国家版本馆 CIP 数据核字第 202403Z57M 号

中国劳动社会保障出版社出版发行

（北京市惠新东街 1 号　邮政编码：100029）

*

北京市科星印刷有限责任公司印刷装订　新华书店经销

787 毫米 × 1092 毫米　16 开本　12 印张　189 千字

2024 年 8 月第 1 版　2024 年 8 月第 1 次印刷

定价：35. 00 元

营销中心电话：400-606-6496

出版社网址：http://www. class. com. cn

职业技能等级认定培训教程

编审委员会

本书编审人员

主　编　殷玉祥　解迎刚

编　者　张　卿　王　勃　王　曦　段　强　段文燕

主　审　王志良

前　　言

为加快建立劳动者终身职业技能培训制度，全面推行职业技能等级制度，推进技能人才评价制度改革，进一步规范培训管理，提高培训质量，中国就业培训技术指导中心、人力资源和社会保障部职业技能鉴定中心组织有关专家在《物联网安装调试员国家职业标准（2020 年版）》（以下简称《标准》）制定工作基础上，编写了物联网安装调试员职业技能等级认定培训教程（以下简称等级教程）。

物联网安装调试员等级教程紧贴《标准》和职业培训包课程规范要求编写，内容上突出职业能力优先的编写原则，结构上按照职业功能模块分级别编写。该等级教程共包括《物联网安装调试员（基础知识）》《物联网安装调试员（初级）》《物联网安装调试员（中级）》《物联网安装调试员（高级）》《物联网安装调试员（技师 高级技师）》5 本。《物联网安装调试员（基础知识）》是各级别物联网安装调试员均需掌握的基础知识，其他各级别教程内容分别包括各级别物联网安装调试员应掌握的理论知识和操作技能。

本书是物联网安装调试员等级教程中的一本，是职业技能等级认定推荐教程，也是职业技能等级认定题库开发的重要依据，已纳入职业培训包教材资源，适用于职业技能等级认定培训和中短期职业技能培训。

本书在编写过程中得到北京物联网学会、北京科技大学天津学院、北京信息科技大学、北京城市学院、北京环宇惠恩科技有限公司、扬州良创物联科技有限公司等单位的大力支持与协助，在此一并表示衷心感谢。

中国就业培训技术指导中心

人力资源和社会保障部职业技能鉴定中心

目 录 CONTENTS

职业模块 1 网络环境建立与管理

培训课程 1 识读物联网网络施工图

学习单元 1 物联网网络常用名词术语

当前物联网工程设计、施工相关标准还在制定之中，现阶段物联网工程设计、施工中采用的专业名词术语和符号，大部分来源于已经正式颁布或正在制定中的相关网络综合布线工程、住宅通用布缆等国家标准中规定的名词术语，有些也来源于行业规范。

中国综合布线系统国家标准的名词术语多由英文翻译而来，主要参考了国际标准《信息技术　用户建筑群通用布缆　第 1 部分：通用要求》（ISO/IEC 11801—1:2017）和美国国家标准协会电信工业协会 568 标准（ANSI/TIA/EIA 568）。本学习单元主要讲述《综合布线系统工程设计规范》（GB 50311—2016）国家标准中出现的常用名词术语。

一、布线（cabling）

综合布线系统简称综合布线或布线，是能够支持电子信息设备相连的各种缆线、跳线、接插软线和连接器件组成的系统。

缆线既包括光缆也包括电缆，连接器件包括光模块和电模块、配线架等，这些都是不需要电源就能正常使用的无电源设备，简称为“无源设备”。由此可见国家标准规定的综合布线系统里没有交换机、路由器等有电源设备，因此常说“综合布线系统是一个无源系统”，如图 1 - 1 虚线框内所示。

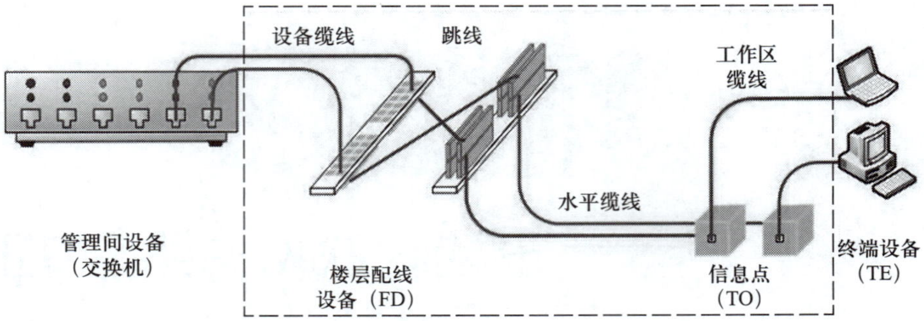

图 1－1　典型综合布线系统（虚线框内所示）

二、建筑群子系统（campus subsystem）

建筑群子系统是由配线设备、建筑物之间的干线缆线、设备缆线、跳线等组成的系统。配线设备主要包括网络配线架和网络配线机柜，目前网络配线架一般都是光缆配线架，如图 1－2 所示。

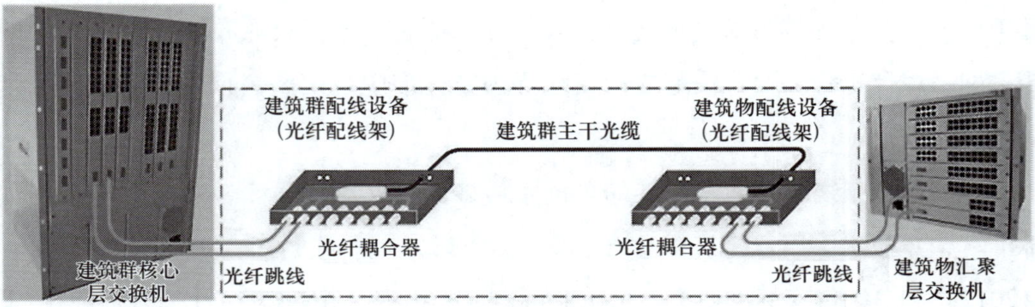

图 1－2　典型建筑群子系统布线系统（虚线框内）

三、建筑物配线设备（BD，building distributor）

为建筑物主干缆线或建筑群主干缆线终接的配线设备。

四、楼层配线设备（FD，floor distributor）

终接水平缆线和其他布线子系统缆线的配线设备。

五、建筑群主干缆线（campus backbone cable）

用于在建筑群内连接建筑群配线设备与建筑物配线设备的缆线。

六、建筑物主干缆线（building backbone cable）

入口设施至建筑物配线设备、建筑物配线设备至楼层配线设备、建筑物内楼层配线设备之间相连接的缆线。

七、入口设施（building entrance facility）

提供符合相关规范的机械与电气特性的连接器件，使得外部网络缆线引入建筑物内。

八、水平缆线（horizontal cable）

楼层配线设备到信息点之间的连接缆线。如果链路中存在集合点时，水平缆线为管理间配线设备到集合点之间的连接缆线。

九、集合点（CP，consolidation point）

楼层配线设备与工作区信息点之间水平缆线路由中的连接点。

GB 50311—2016《综合布线系统工程设计规范》标准中有专门定义和允许集合点，其目的就是解决工程实际布线施工中遇到管路堵塞、拉线长度不够等特殊情况而无法重新布线时，允许使用网络模块进行一次端接，也就是说允许在永久链路实际施工中增加一个接续（注意：不允许在设计中出现集合点）。

布线系统信道和链路构成图，允许在永久链路的水平缆线安装施工中增加集合点。在实际工程安装施工中，一般很少使用集合点，因为增加集合点可能影响工程质量，还会增加施工成本并影响施工进度。

十、CP 缆线（CP cable）

连接集合点（CP）至工作区信息点的缆线。

十一、CP 链路（CP link）

楼层配线设备与集合点（CP）之间，包括两端的连接器件在内的永久性的链路。

十二 、链路（link）

一个 CP 链路或是一个永久链路。

十三、永久链路（permanent link）

信息点与楼层配线设备之间的传输线路，它不包括工作区缆线和设备缆线、跳线，但可以包括一个 CP 链路。

十四、信道（channel）

连接两个应用设备的端到端的传输通道，包括设备缆线和工作区缆线。

十五、工作区（work area）

需要设置终端设备的独立区域。这里的工作区是指需要安装计算机、打印机、复印机、考勤机等网络终端使用设备的一个独立区域。在实际工程应用中，一个网络插口为 1 个独立的工作区。

图 1－3 所示为一个简单的综合布线系统示意图，图 1－4 所示为其相对应的符号化框图。

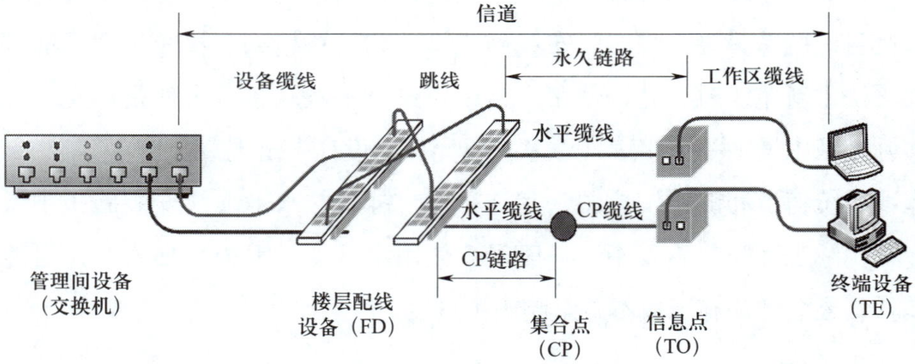

图 1－3　简单的综合布线系统示意图

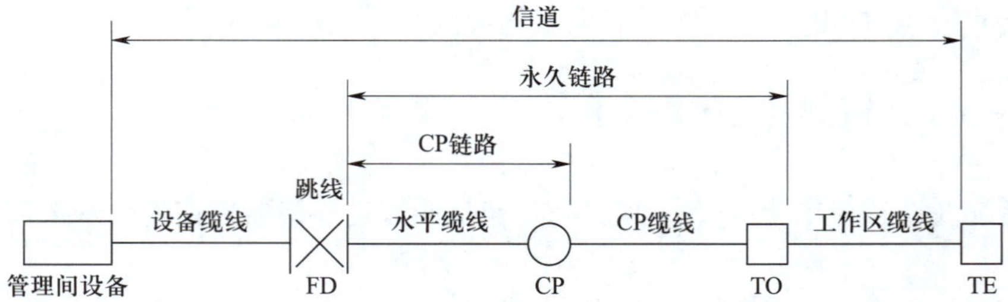

图 1－4　综合布线系统符号化框图

十六、连接器件（connecting hardware）

用于连接电缆线对和光缆光纤的一个器件或一组器件。连接器件有电缆通信的电缆连接器件和光通信的光缆连接器件两种，如图 1－5、图 1－6 所示。

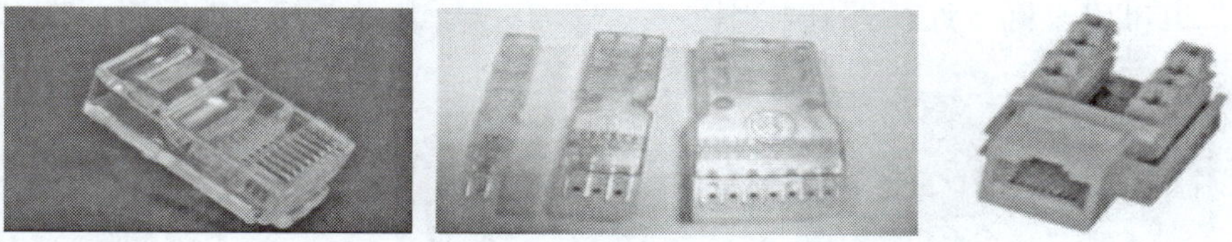

图 1－5　电缆连接器件：水晶头和网络模块

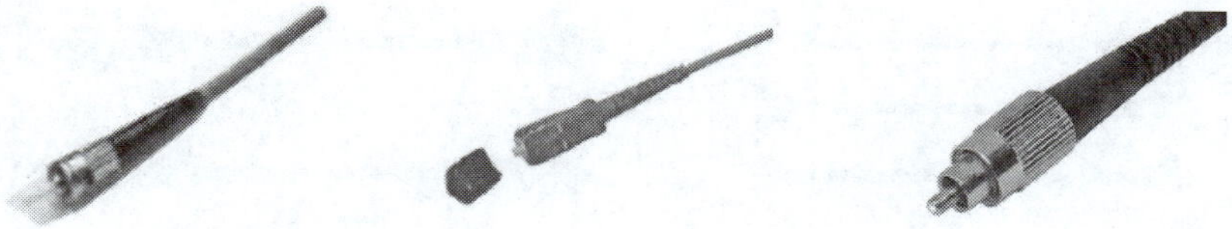

图 1－6　光缆连接器件

十七、光纤适配器（optical fiber connector）

将光纤连接器实现光学连接的器件。光纤适配器是光纤通信系统中使用量最多的光无源器件，大多数的光纤适配器是由三个部分组成的：两个光纤接头和一个耦合器。两个光纤接头装进两根光纤尾端，耦合器起对准套管的作用。另外，耦合器多配有金属或非金属法兰，以便于连接器安装固定。

十八、信息点（TO，telecommunications outlet）

缆线终接的信息插座模块。

十九、设备缆线（equipment cable）

通信设备连接到配线设备的缆线。

二十、跳线（patch cord/jumper）

不带连接器件或带连接器件的电缆线对和带连接器件的光纤，用于配线设备之间进行连接。

跳线分为电缆跳线和光纤跳线。

电缆跳线一般有三类：两端带连接器件、一端带连接器件另一端不带连接器件、两端都不带连接器件，连接器件一般是水晶头，机房使用的跳线有的为鸭嘴头。

光纤跳线只有一类，必须两端都带连接器件（光纤适配器），两端的连接器件可以相同，也可以不同。连接器件有 ST 头、SC 头、FC 头等多种，如图 1－7 所示。

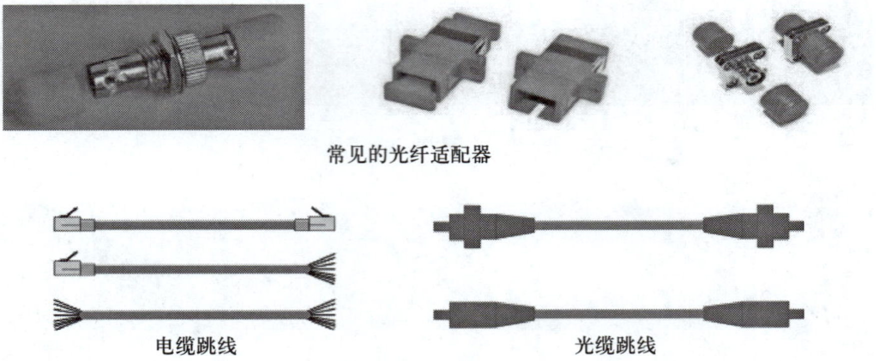

图 1－7　光纤适配器与跳线

二十一、缆线（cable）

缆线包括电缆、光缆，组合在一个总护套里，由一个或多个同类型线对组成，并可包括一个总的屏蔽层，如图 1－8 所示。

二十二、光缆（optical cable）

由单芯或多芯光纤构成的缆线。图 1－9 为常见的四芯多模室内光缆。

二十三、线对（pair）

由两个相互绝缘的导体对绞组成，是一个平衡传输线路的两个导体，通常是一根对绞的线对，如图 1－10 所示。

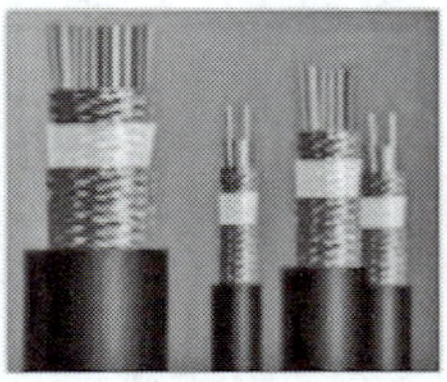

图 1－8　缆线

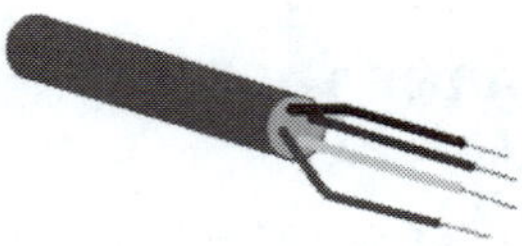

图 1－9　四芯多模室内光缆

图 1－10　一根对绞的线对

二十四、平衡电缆（balanced cable）

由一个或多个金属导体线对组成的对称电缆。

二十五、接插软线（patch cord）

一端或两端带有连接器件的软电缆或软光缆。

二十六、多用户信息插座（multi-user telecommunication outlet ）

工作区内若干信息插座模块的组合装置。实际应用中，通常为双口插座。

学习单元 2 物联网网络施工图常用符号和缩略词

与名词术语相同，由于物联网工程布线尚未有统一的国家标准，现在物联网实际工程布线中出现的常用符号和缩略词主要参考了 ISO/IEC 11801 与 ANSI/TIA/EIA 568 的国际标准。同时要重点了解《信息技术　住宅通用布缆》（GB/T 29269—2012）和《综合布线系统工程设计规范》（GB 50311—2016）国家标准中出现的常用缩略词。

《信息技术　住宅通用布缆》（GB/T 29269—2012）中规定的物联网相关常用缩略词见表 1－1。

表 1－1　《信息技术　住宅通用布缆》（GB/T 29269—2012）中规定的物联网相关常用缩略词

序号	英文缩写	中文名称或解释	英文名称
1	AC	交流电	alternating current
2	ACP	区域连接点	area connection point
3	ACR	衰减串扰比	attenuation to cross-talk radio
4	BCT	广播和通信技术	broadcast and communications technologies
5	BCT B	平衡布缆支持的 BCT	BCT supported by balanced cabling
6	BCT C	同轴布缆支持的 BCT	BCT supported by coaxial cabling

续表

序号	英文缩写	中文名称或解释	英文名称
7	BCT-H	BCT 高（信号水平）	BCT high（signal level）
8	BCT-L	BCT 低（信号水平）	BCT low（signal level）
9	BCT-M	BCT 中等（信号水平）	BCT medium（signal level）
10	BEF	建筑物入口设施	building entrance facility
11	BO	广播插座	broadcast outlet
12	CATV	有线电视	community antenna TV
13	CC	交叉连接	cross-connect
14	CCCB	建筑内的指令、控制和通信	commands, controls and communications in buildings
15	CCTV	闭路电视	closed circuit TV
16	CO	控制插座	control outlet
17	dc	直流电	direct current
……	……	……	……

《综合布线系统工程设计规范》（GB 50311—2016）中规定的物联网相关常用缩略词见表 1－2。

表 1－2　《综合布线系统工程设计规范》中规定的物联网相关常用缩略词

序号	英文缩写	中文名称或解释	英文名称
1	CD	建筑群配线设备	campus distributor
2	BD	建筑物配线设备	building distributor
3	FD	楼层配线设备	floor distributor
4	TO	信息点	telecommunications outlet
5	CP	集合点	consolidation point
6	TE	终端设备	terminal equipment
7	IP	因特网协议	internet protocol
8	OF	光纤	optical fiber
9	SC	光纤活动连接器件	optical fibre connector
10	SFF	小型光纤连接器件	small form factor connector
11	ACR	衰减串音比	attenuation to crosstalk ratio
12	ELFEXT	等电平远端串音衰减	equal level far end crosstalk attenuation
13	FEXT	远端串音衰减（损耗）	far end crosstalk attenuation（loss）
14	IL	插入损耗	insertion loss
15	PS NEXT	近端串音功率和	power sum Near End Crosstalk Attenuation（loss）
16	PSACR	ACR 功率和	power sum ACR
17	PS ELFEXT	ELFEXT 衰减功率和	power sum ELFEXT attenuation（loss）
18	RL	回波损耗	return loss

小知识

建筑平面图

建筑平面图是建筑施工图的基本样图，它是假想用一水平的剖切面沿门窗洞位置将房屋剖切后，对剖切面以下部分所作的水平投影图。它反映出房屋的平面形状、大小和布置，墙、柱的位置、尺寸和材料，门窗的类型和位置等。

平面图应标示建筑物及其组成房间的名称、尺寸、定位轴线和墙壁厚等，走廊、楼梯位置及尺寸，门窗位置、尺寸及编号，如门的代号是M，窗的代号是C。在代号后面写上编号，同一编号表示同一类型的门窗，如M－1、C－1。建筑平面图常用符号如图1－11所示。

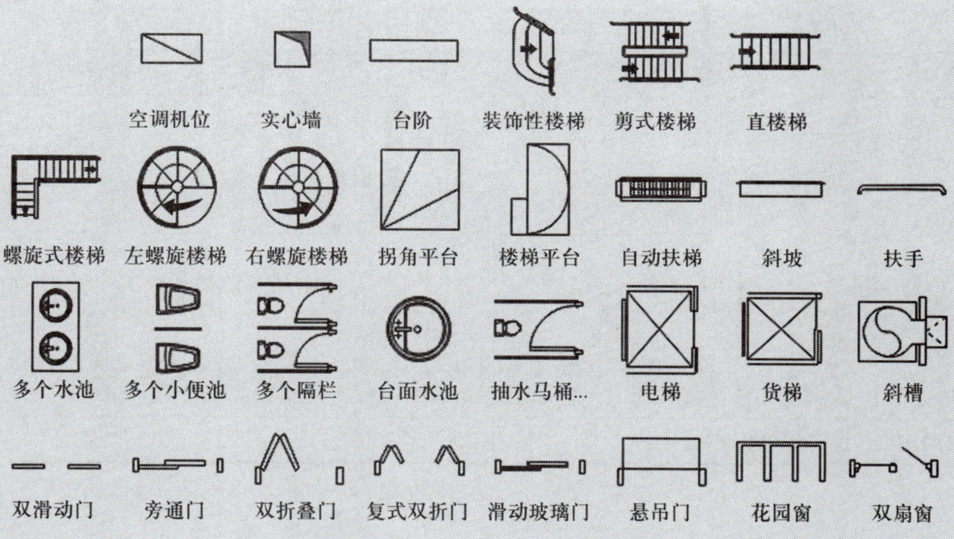

图1－11　建筑平面图常用符号

建筑平面图的识读要关注平面图名称、比例及文字说明，包括平面图的总长、总宽的尺寸以及内部房间的功能关系、布置方式，房间的开间、进深尺寸，墙（或柱）的平面布置，平面各部分的尺寸，门窗的布置、数量，房屋室内设备配备等情况。

学习单元 3　识读物联网综合布线系统拓扑图

物联网综合布线系统拓扑图是把物联网综合布线系统中要连接的各个主要元素以施工要求的方式连接起来，图中不但要明确综合布线中的几大子系统，还要明确线缆线路的类型等。

在物联网综合布线系统拓扑图中，既要有图标、符号，还要有文字描述，用必要的简短文字说明整个系统线路连接的具体含义。图中的每一个图标、符号均各自代表不同的含义，所以明确每个图标、符号及其作用尤为重要。物联网综合布线系统拓扑图中常见的图标、符号及意义见表 1－3。

表 1－3　物联网综合布线系统拓扑图中常见的图标、符号及意义

图标	表示作用	图标	表示作用
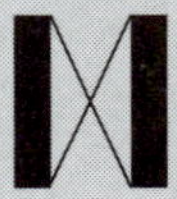 CD	建筑群子系统	 FD	管理间子系统
 BD	建筑物子系统	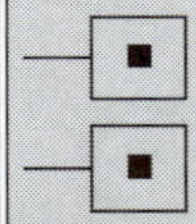 TO TP	工作区子系统，其中：TO：数据接口 TP：语音接口
T348-100	机架型 100 对跳线架	1061004CSL	超五类 4 对非屏蔽双绞线
PM2150B24	超五类 24 口配线架		

一、识读物联网综合布线施工平面图

物联网综合布线施工平面图是反映整个综合布线过程各个布线路由的一个直观表示，是在建筑物平面图的基础上，表示布线工程项目总体布局、施工等要求的样图。施工平面图应准确表达施工意图和要求，是进行工程施工、编制施工图预算和施工组织设计的依据，也是进行技术管理的重要技术文件。

在识读物联网综合布线系统施工平面图时，要关注图中表示数据接口和语音

接口的图标，仔细观察各信息点的数据接口、语音接口及其编号，注意图中的图例、文字说明、平面图设计版本和信息。如图 1－12 所示，为某教学大楼五楼施工平面图。

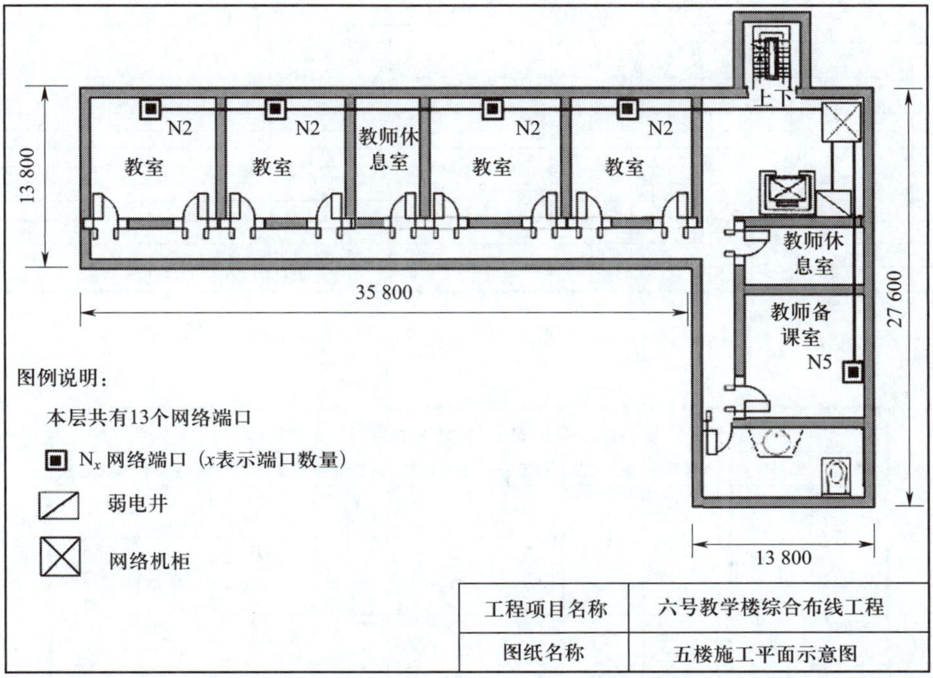

图 1－12　某教学大楼五楼施工平面图

二、识读物联网综合布线信息点布局图

物联网综合布线系统端口对照表可分为机柜配线架端口标签编号对照表和端口标签位置对照表，前者表示机柜配线架各个端口和信息点编号的对应关系，如图 1－13 所示；后者表示信息点编号和其物理位置的关系，如图 1－14 所示。

三、物联网网络工程布线设计实训

1. 本实训模拟一个三层楼宇的物联网网络工程布线设计项目，项目名称为“××楼宇网络布线工程”。

2. 本实训依据 GB 50311—2016《综合布线系统工程设计规范》要求。

3. 本实训提供模拟楼宇的“网络布线工程安装链路俯视图”，如图 1－15 所示。

机柜配线架端口标签编号对照表																								
配线架3#																								
	1	2	3	4	5	6	7	8	9	10	11	12	13	14	15	16	17	18	19	20	21	22	23	24
	05D49	05D50	05D51	05D52	05D53	05D54	05D55	05D56	05D57	05D58	05D59	05D60												
配线架2#																								
	1	2	3	4	5	6	7	8	9	10	11	12	13	14	15	16	17	18	19	20	21	22	23	24
	05D25	05D26	05D27	05D28	05D29	05D30	05D31	05D32	05D33	05D34	05D35	05D36	05D37	05D38	05D39	05D40	05D41	05D42	05D43	05D44	05D45	05D46	05D47	05D48
配线架1#																								
	1	2	3	4	5	6	7	8	9	10	11	12	13	14	15	16	17	18	19	20	21	22	23	24
	05D01	05D02	05D03	05D04	05D05	05D06	05D07	05D08	05D09	05D10	05D11	05D12	05D13	05D14	05D15	05D16	05D17	05D18	05D19	05D20	05D21	05D22	05D23	05D24
语音配线架																								
	1	2	3	4	5	6	7	8	9	10	11	12	13	14	15	16	17	18	19	20	21	22	23	24
	05V01	05V02	05V03	05V04	05D05	05V06	05V07	05V08	05V09	05V10	05V11	05V12												

项目名称	制表人	徐老师
宿舍楼网络综合布线机柜配线架端口标签编号对照表	制表时间	2011年6月5日
	图标版本号	2001-1-1

图 1－13　机柜配线架端口标签编号对照表

端口标签位置对照表									
标签编号	编号位置	标签编号	编号位置	标签编号	编号位置	标签编号	编号位置	标签编号	编号位置
05D01	B501	05D16	B504	05D31	B507	05D46	B510	05V01	B501
05D02		05D17		05D32		05D47		05V02	B502
05D03		05D18		05D33		05D48		05V03	B503
05D04		05D19		05D34		05D49		05V04	B504
05D05		05D20		05D35		05D50		05D05	B505
05D06	B502	05D21	B505	05D36	B508	05D51	B511	05V06	B506
05D07		05D22		05D37		05D52		05V07	B507
05D08		05D23		05D38		05D53		05V08	B508
05D09		05D24		05D39		05D54		05V09	B509
05D10		05D25		05D40		05D55		05V10	B510
05D11	B503	05D26	B506	05D41	B509	05D56	B512	05V11	B511
05D12		05D27		05D42		05D57		05V12	B512
05D13		05D28		05D43		05D58			
05D14		05D29		05D44		05D59			
05D15		05D30		05D45		05D60			

项目名称	制表人	徐老师
宿舍楼网络综合布线端口标签位置对照表	制表时间	2011-6-5
	图标版本号	2001-1-1

图 1－14　端口标签位置对照表

4. 模拟楼宇每个楼层设置 1 个电信间，每个楼层电信间配置的机柜为 6U 吊装机柜（模拟），机柜内放置设备/器材（由上至下）为：TV 配线架、110 跳线架及网络配线架、光纤配线器（从上至下编号依次为 T1、T2、T3、T4）。

5. 工作区子系统中线盒分为明装线盒与暗装线盒两种。

6. 模拟楼宇每层各设置 15 个信息点，其中包括双口信息点、单口信息点及 TV 信息点。

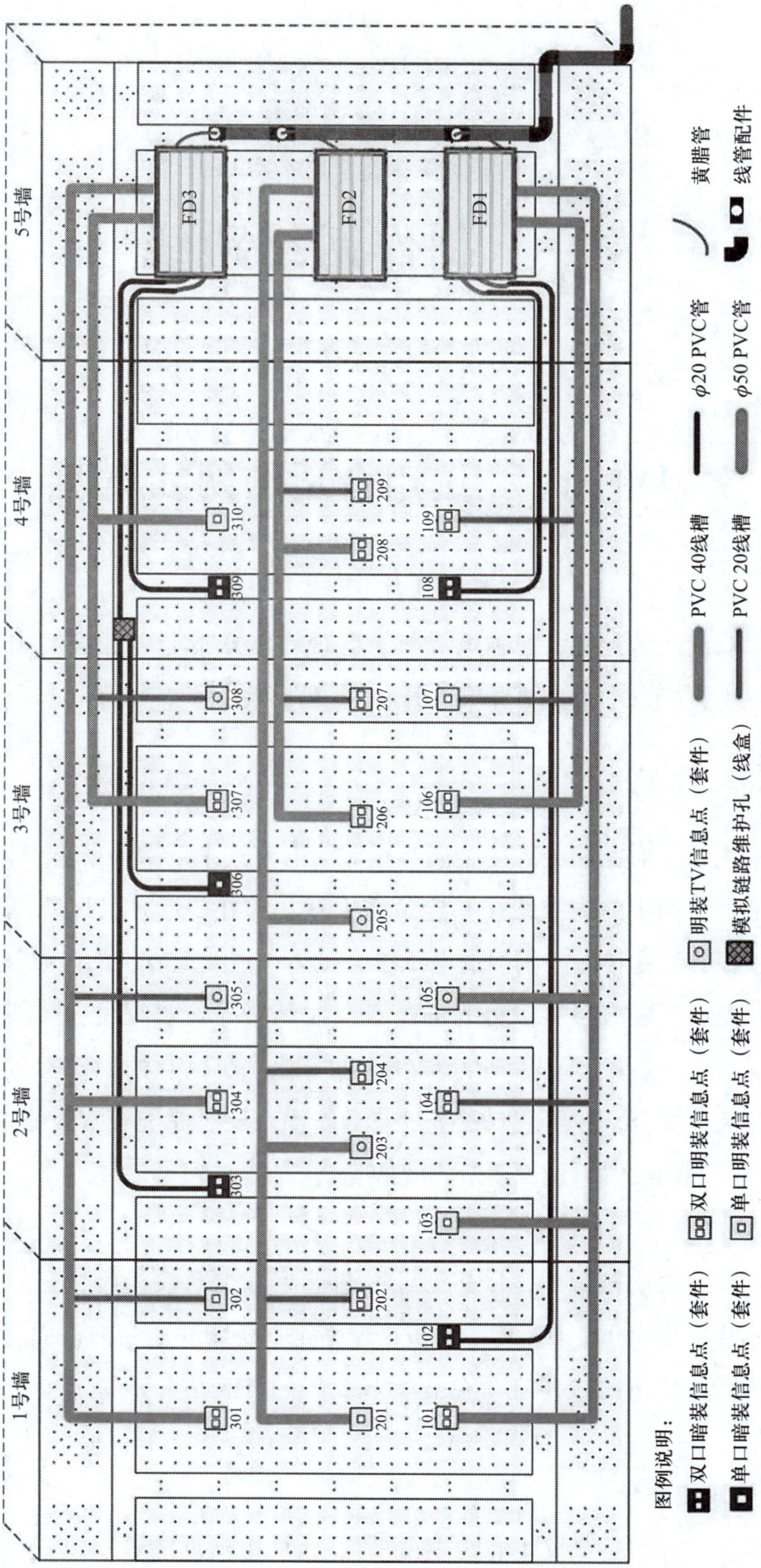

图 1－15　模拟楼宇的“网络布线工程安装链路俯视图”

培训课程 2 制作网络跳线

学习单元1　选用合适的网线类型

网线包含双绞线、光纤、同轴电缆等，但现在常规的企业、家庭中同轴电缆的应用越来越少，所以本书主要介绍光纤和双绞线网线。

一、双绞线

双绞线采用了一对互相绝缘的金属导线对绞的方式来抵御频率小于 25 MHz 电磁波干扰。把两根绝缘的铜导线按一定紧密度互相绞在一起，可以降低信号干扰的程度，每一根导线在传输中辐射的电磁波会被另一根线上发出的电磁波抵消。

双绞线根据有无屏蔽层可以分为屏蔽双绞线和非屏蔽双绞线。屏蔽双绞线有一层或几层屏蔽层，在数据传输时可减少电磁干扰，所以它的稳定性较高，主要用在干扰比较大的场合。非屏蔽双绞线没有金属屏蔽层。非屏蔽双绞线应用较多，下面主要以非屏蔽双绞线为例说明双绞线的类型。

1. 五类双绞线

五类双绞线过去比较常用，目前已经逐渐被超五类双绞线所代替。五类双绞线传输的信号频率为 100 MHz，传输的最高速率是 100 Mbps。目前市面上还有一定量的五类双绞线，价格比较便宜。在五类双绞线的外表皮一般标有“CAT. 5”的字样。

2. 超五类双绞线

超五类双绞线目前是双绞线的“主力军”，市面上流通的双绞线一般以超五类双绞线为主。超五类双绞线支持的最高传输速率高达 1 000 Mbps，但一般还是用于 100 Mbps 的网络中。相对于五类双绞线，超五类双绞线衰减更小，抗干扰能力更强。超五类双绞线的表皮标有“CAT. 5e”的字样。

3. 六类双绞线

随着千兆以太网系统的出现，六类双绞线也逐渐开始流行，因其支持千兆网络，经常被称为“千兆双绞线”。六类双绞线提供了 200 MHz 的综合衰减对串扰比和整体 250 MHz 的带宽。六类双绞线主要用于千兆网络中，传输性能远高于超五类双绞线的标准。六类双绞线的表皮标有“CAT. 6”的字样。

4. 超六类双绞线

超六类双绞线是六类双绞线的改进版，最大的传输速率可达 1 000 Mbps，相对于六类双绞线，在串扰、衰减、信噪比等方面有了很大的改善。超六类双绞线主要用于温度较高的特殊场合，在环境温度 40 ℃时仍然能够达到六类双绞线在环境温度 20 ℃时的性能。超六类双绞线的表皮标有“CAT. 6A”的字样，经常被称为 6A 线，并且大多数有“十字骨架”。

5. 七类双绞线

七类双绞线是一种屏蔽双绞线，主要用于万兆以太网，传输速率可高达 10 Gbps。七类双绞线中，每一对都有一个屏蔽层，四对线合在一起又有一个公共的屏蔽层，外观上比常用双绞线要粗很多。七类双绞线可以提供至少 500 MHz 的综合衰减对串扰比和 600 MHz 的整体带宽。

二、光纤

1. 光纤类型

光纤按照使用场合可分为室内光纤、室外光纤、分支光纤、配线光纤四类。

光纤按敷设方式可分为自承重架空光纤、管道光纤、铠装地埋光纤和海底光纤。

光纤按结构可分为束管式光纤、层绞式光纤、骨架式光纤、紧抱式光纤、带式光纤，非金属光纤和可分支光纤。

光纤按用途可分为长途通信用光纤、短途室外光纤、混合光纤和建筑物内用光纤。

光纤按传输方式可分为单模和多模光纤，监控一般使用单模光纤。

单模光纤：只传输一种模式光信号的光纤，常规有 G. 652、G. 653、G. 654、

G. 655 等传输等级。单模光纤传输百兆信号距离可达几十千米。单模光纤只传输主模，也就是说光线只沿光纤的内芯进行传输。由于完全避免了模式色散，单模光纤的传输频带很宽，因而适用于大容量、长距离的光纤通信，单模光纤使用的光波长为 1 310 nm 或 1 550 nm。

多模光纤：能传输多种模式光信号的光纤，为 G. 651 等级，根据光模式分为 OM1、OM2、OM3，多模光纤传输百兆信号最远传输距离为 2 km。在一定的工作波长下，多模光纤有多个模式的光信号在光纤中传输，故这种光纤称为多模光纤。由于色散或像差因素，这种光纤传输性能较差，频带比较窄，传输容量比较小，传输距离也比较短。

2. 光纤敷设方式和要求

常规室外光纤都是以松套管作为纤芯的容器，此为最常见的光纤纤芯敷设方式；室内光纤常见为紧套式敷设；大芯数光纤的纤芯也有以带状方式进行组合敷设的。

光纤的敷设要求：光纤的弯曲半径应至少为光纤外径的 15 倍，在施工过程中应为 20 倍；布放光纤时，光纤盘转动应与布放速度同步，光纤牵引的速度一般为 15 m/min，光纤出盘处要保持松弛的弧度，既保留缓冲的余量，又不宜过多，避免光纤出现背扣；光纤在两端预留长度为 5 ~ 10 m；敷设光纤时应做好标签，并填好放线记录；所有光纤不应外露。

3. 光纤芯的选择

光纤芯数是每条光纤中所含的玻璃纤维的数量。下面介绍一些确定光纤芯数的方法。

首先应明确布线点的数量，算出交换机的台数，明确交换机之间连接是堆叠还是不堆叠。如果堆叠，核心交换机为双机热备冗余，选取 6 芯光纤（2 台核心各用 2 芯，2 芯冗余）。如果不堆叠，一台交换机需要 4 芯，交换机数量乘以 4 再加上冗余的 4 芯。（冗余：比所需多出的即为冗余；主备：一台设备在使用，另外一台完全一样的设备做备用；热备份：备份设备和主设备同时在工作状态；冷备份：备份设备处于待机状态。）

经验做法：每个楼层配线间（水平配线机柜），设一根光纤，一般为 6 芯，其中 2 芯使用、2 芯备用、2 芯冗余；也有使用 8 芯光纤的。规范的最小配置为每 48 个信息点选择 2 芯光纤。当然每 48 个信息点也可选 4 芯，因为 2 芯为光纤的最小单位，多留 2 芯作为备份更为恰当。

小贴士

注意事项：除了考虑光纤芯数和光纤种类，还要根据光纤的使用来选择光纤的外护套，在选用时要注意以下几点。

1. 户外用光纤直埋时，宜选铠装光纤，架空时，可选用有两根或多根加强筋的黑色塑料外护套的光纤。

2. 建筑物内用的光纤在选用时应该注意其燃烧和阻燃特性，一般在管道中和强制通风处，可选用阻燃且燃烧时有烟的类型，暴露的环境中应选用阻燃且燃烧时无烟、无毒的类型。

3. 楼内垂直布线时，可选用层绞式光纤；水平布线时，可选用分支光纤。

4. 传输距离在 2 km 以内的可选用多模光纤；超过 2 km 的可选用中继或单模光纤。

以上是单从应用方面考虑的几个问题，实施时还需要灵活掌握。布线环境复杂多样，各种问题都可能随时出现，这就需要在规划和施工时严格按照布线标准实施，遇到问题，灵活处理。

学习单元 2　制作网络跳线

常用的网络跳线分为同轴电缆网络跳线、双绞线网络跳线和光纤网络跳线三种。相应的网络跳线制作工具也同样有同轴电缆网络跳线制作工具、双绞线网络跳线制作工具和光纤网络跳线制作工具三种，它们各不相同、不能通用。

一、制作同轴电缆网络跳线

1. 同轴电缆网络跳线制作工具

同轴电缆网络跳线制作工具包括斜口钳、剥线钳、六角压线钳、烙铁，如图 1－16 所示。

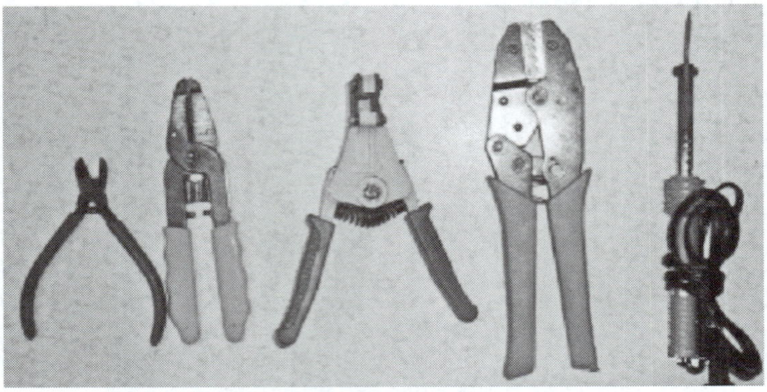

图1－16　同轴电缆网络跳线制作工具

2. 制作同轴电缆网络跳线

制作同轴电缆网络跳线分为剥线、焊接芯线、压线三个步骤。

步骤一：剥线

使用剥线钳将线缆绝缘外层剥去，如图 1－17 所示。

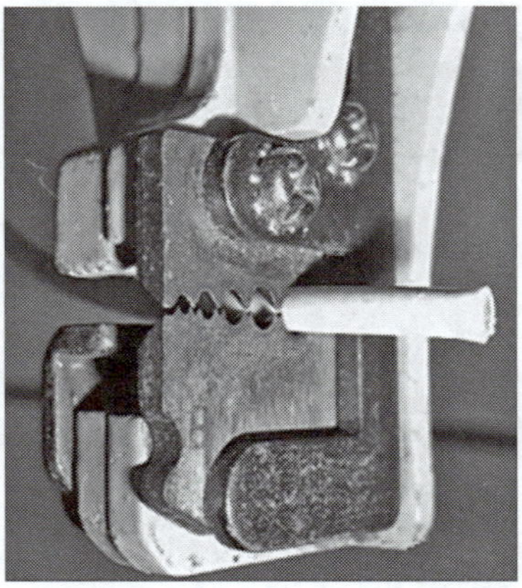

图1－17　使用剥线钳剥线

步骤二：焊接芯线

依次套入电缆接头尾套、压接套管，将屏蔽网（编织线）往后翻开，剥开内绝缘层，露出芯线长约为 2.5 mm，将芯线（内导体）插入接头，注意芯线必须插入接头的内开孔槽中，最后上锡，如图 1－18 所示。

步骤三：压线

将屏蔽网修剪齐，余长约为 6.0 mm，然后将压接套管及屏蔽网一起推入接头尾部，用六角压线钳压紧套管，最后将芯线焊牢，如图 1－19 所示。

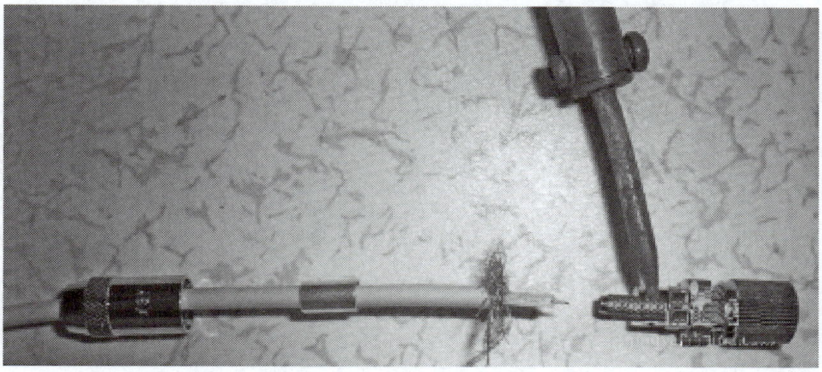

图 1－18 焊接芯线

图 1－19 压线

小贴士

操作注意事项：应使用带接地的电烙铁并保证接地良好，或将要制作的电缆与设备分离，防止漏电烧坏设备。

二、 制作双绞线网络跳线

1. 双绞线网络跳线制作工具

双绞线网络跳线制作工具包括双绞线网线钳、测线仪，如图 1－20 所示。

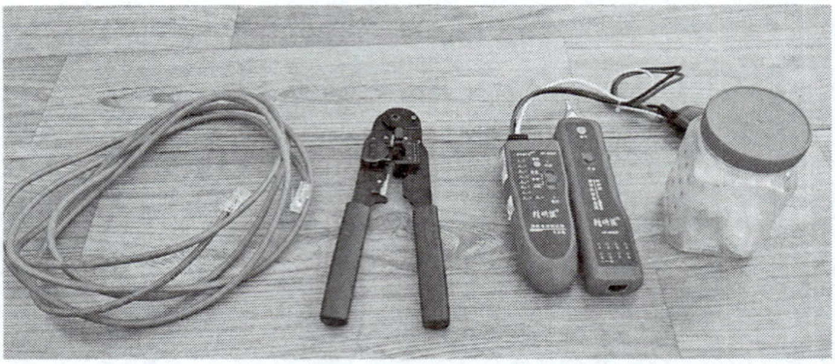

图 1－20　双绞线网络跳线制作工具

2. 制作双绞线网络跳线

双绞线网络跳线俗称双绞线网线，目前最为常见，其制作也非常简单，所需材料仅双绞线和水晶头（RJ45），就是把双绞线的 4 对 8 芯网线按一定规则插入水晶头压实即可。双绞线网线的制作其实就是网线水晶头的制作。制作双绞线网线分为以下四个步骤。

步骤一：用双绞线网线钳先剪一段符合布线长度要求的网线，两端剪齐。把网线一端插入网线钳剥线的缺口中，注意网线不能弯，直到顶住网线钳后面的挡位，稍微握紧压线钳慢慢旋转一圈，让刀口划开双绞线的保护胶皮，剥下胶皮护套，如图 1－21 所示。

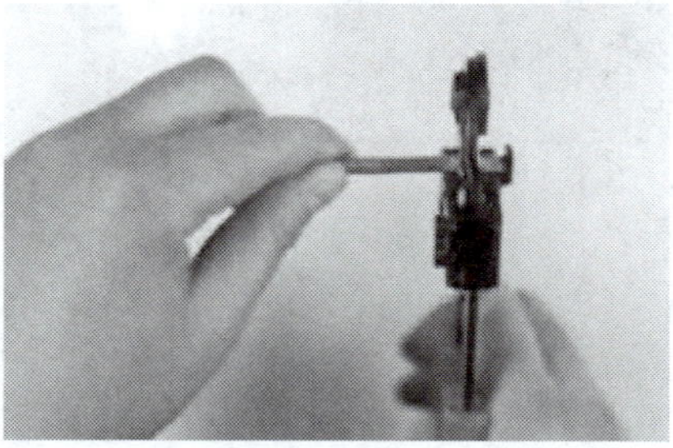

图 1－21　剥双绞线胶皮

小贴士

网线钳挡位离剥线刀口长度通常恰好为水晶头长度，这样可以有效避免剥线过长或过短。剥线过长一则不美观，二则使网线不能被水晶头卡住，容易松动；剥线过短，会导致网线不能完全插到水晶头底部，导致水晶头插针不能与网线芯线完全接触。

步骤二：剥除外包皮后即可见到双绞线网线的 4 对 8 条芯线，并且可以看到每对的颜色都不同。每对缠绕的 2 条芯线是由 1 条染有相应颜色的芯线加上 1 条只染有少许相应颜色的白色相间芯线组成。4 条全色芯线的颜色为：棕色、橙色、绿色、蓝色。

先把 4 对芯线一字并排排列，然后再把每对芯线分开（此时注意不跨线排列，也就是说每对芯线都相邻排列），并按统一的排列顺序（如左边统一为主颜色芯线，右边统一为相应颜色和白色相间的芯线）排列。注意每条芯线都要拉直，并且要相互分开并列排列，不能重叠。然后用网线钳垂直于芯线排列方向剪齐（不要剪太长，只需剪齐即可），如图 1－22 所示。自左至右编号的顺序定为“1、2、3、4、5、6、7、8”。

步骤三：左手水平握住水晶头，塑料扣的一面朝下，开口朝右。然后把剪齐、并列排列的 8 条芯线对准水晶头开口并排插入水晶头中，使各条芯线都插到水晶头的底部，不能弯曲，从水晶头有卡位的一面可以看到每条芯线是否均插入到位。

步骤四：确认所有芯线都插到水晶头底部后，即可将插入网线的水晶头直接放入网线钳压线缺口中，如图 1－23 所示。因缺口结构与水晶头结构一致，一定要正确放入才能使后面压下网线钳手柄时所压位置正确。水晶头放好后即可压下网线钳手柄，一定要用力，使水晶头的插针都能插入芯线之中，与之接触良好。然后用手轻轻拉一下网线与水晶头，看是否压紧，最好多压一次。

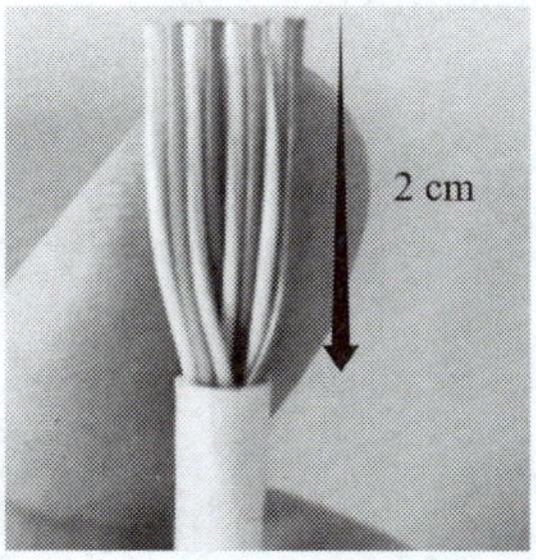

图 1－22　排列好剪齐的网线

图 1－23　压接双绞线网线

至此，水晶头就压接好了，然后按照相同的方法制作双绞线的另一端水晶头，要注意的是芯线排列顺序一定要与另一端的顺序完全一样，这样一条直通双绞线网线即制作完成。

两端都压接好水晶头后即可用网线测试仪进行测试，如果测试仪上8个指示灯都亮绿灯，证明网线制作成功。如果出现任何一个指示灯为红灯或黄灯，则证明有断路或者接触不良问题，此时最好先对两端水晶头用网线钳重新压一次，再进行测试，如果故障依旧，再检查一下两端芯线的排列顺序是否一样，如果不一样，应剪掉错误的一端重新排列芯线顺序制作水晶头。如果芯线顺序一样，但测试仪指示灯仍亮红灯或黄灯，则表明存在对应芯线接触不良。此时应先剪掉一端，按另一端芯线顺序重做一个水晶头，如果故障排除，则不必重做另一端水晶头，否则应将另一端水晶头也剪掉重做，直到测试仪指示灯都亮绿灯为止。

图1－24所示的是一条两端都制作好水晶头的网线。

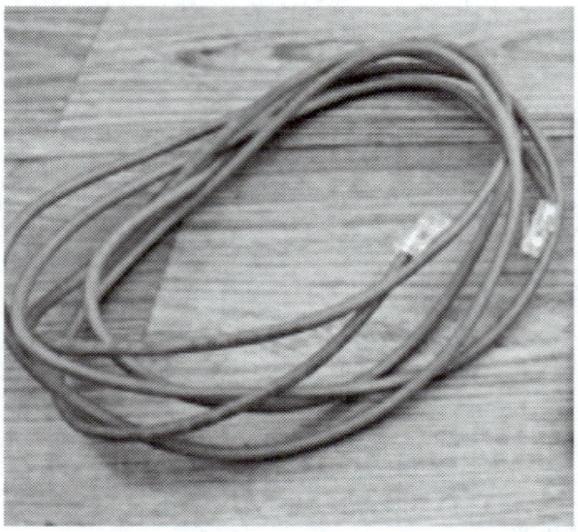

图1－24　制作好的双绞线网线

相关链接

双绞线网线两种国际标准

双绞线的制作方式有两种国际标准，分别为TIA/EIA 568A以及TIA/EIA 568B。而双绞线的连接方法也主要有两种，分别为直通线缆以及交叉线缆。简单地说，直通线缆就是水晶头两端都同时采用TIA/EIA 568A标准或者TIA/EIA 568B标准的接法，而交叉线缆则是水晶头一端采用TIA/EIA 586A的标准制作，而另一端则采用TIA/EIA 568B标准制作，即A水晶头的1、2对应B水晶头的3、6，而A水晶头的3、6对应B水晶头的1、2。TIA/EIA 568A标准描述的线序从左到右依次为：

1—绿白（绿色的外层上有些白色，与绿色的是同一组线）
2—绿色
3—橙白（橙色的外层上有些白色，与橙色的是同一组线）
4—蓝色
5—蓝白（蓝色的外层上有些白色，与蓝色的是同一组线）
6—橙色
7—棕白（棕色的外层上有些白色，与棕色的是同一组线）
8—棕色

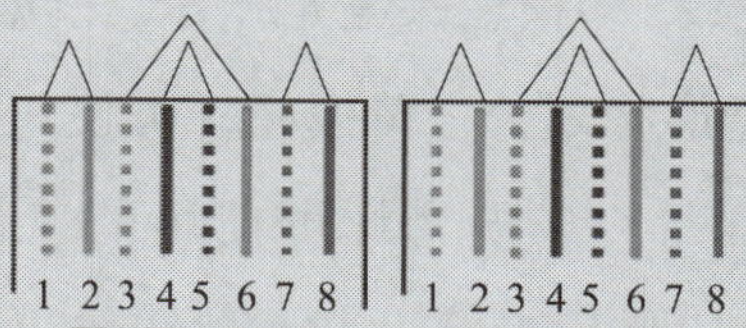

TIA/EIA 568A　TIA/EIA 568B

TIA/EIA 568B 标准描述的线序从左到右依次为：

1—橙白（橙色的外层上有些白色，与橙色的是同一组线）
2—橙色
3—绿白（绿色的外层上有些白色，与绿色的是同一组线）
4—蓝色
5—蓝白（蓝色的外层上有些白色，与蓝色的是同一组线）
6—绿色
7—棕白（棕色的外层上有些白色，与棕色的是同一组线）
8—棕色

而在什么情况该做成直通线缆，而交叉线缆又该用在什么场合呢？简单记忆，同种设备相连用交叉线，不同设备相连用直通线。

PC－PC（机对机）：	交叉线缆
PC－集线器 Hub：	直通线缆
集线器 Hub－集线器 Hub（普通口）：	交叉线缆
集线器 Hub－集线器 Hub（级连口－级连口）：	交叉线缆
集线器 Hub－集线器 Hub（普通口－级连口）：	直通线缆
集线器 Hub－交换机 Switch：	交叉线缆
集线器 Hub（级联口）－交换机 Switch：	直通线缆
交换机 Switch－交换机 Switch：	交叉线缆
交换机 Switch－路由器 Router：	直通线缆
路由器 Router－路由器 Router：	交叉线缆

三、制作光纤跳线

光纤跳线是指光纤两端都装上连接器插头，用来实现光路活动连接（一端装有插头的称为尾纤）。光纤跳线用于长途及本地光传输网络、数据传输及专用网络以及各种测试和自控系统。光纤跳线是通过精密设备经过多道工序精磨而成的，具有插入损耗低、回波损耗高、重复性好等优点，可广泛应用于各种光纤器件和各种光纤通信系统中。

光纤跳线的种类有很多，根据连接器形状可分为FC、SC、ST、LC、MT-RJ、MU等，根据连接器插头从插针体的类型可分为PC、UPC、APC等，根据光纤种类可分为单模、50/125多模、62.5/125多模、保偏光纤等，根据光纤直径可分为900 μm、2 mm、3 mm等。根据连接器形状划分，单模光纤可使用的连接器类型有FC、SC、ST、FDDI、SNA、LC、MT-RJ等，多模光纤可使用的连接器类型有FC、SC、ST、FDDI、SMA、LC、MT-RJ、MU及VF45等。单模跳线包括SC/PC、SC/APC、FC/PC、FC/APC、ST/PC、LC/PC、LC/APC、MU/PC、MU/APC、MT-RJ，多模跳线包括SC/PC、FC/PC、ST/PC、LC/PC、MU/PC、MT- RJ。光纤跳线所用光纤一般为G.652光纤，直径一般为3 mm，长度一般为5～100 m，插入损耗一般小于0.1 dB；反射损耗一般大于45 dB。

下面仅介绍光纤跳线快速接头及冷接步骤。

1. 冷接光纤跳线制作工具

冷接光纤跳线制作工具主要有光纤定长切割器、光纤快速接续连接器的通用工具组合、e-SC预埋型连接器，见表1－4。

表1－4　冷接光纤跳线制作工具

名称	制作工具
光纤定长切割器	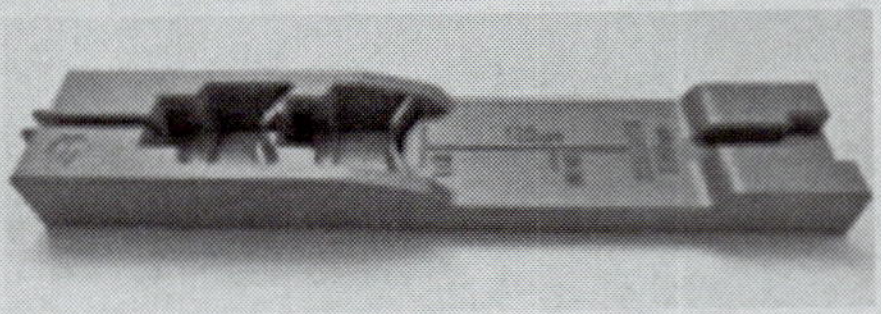
光纤快速接续连接器的通用工具组合	

续表

名称	制作工具
e-SC 预埋型连接器	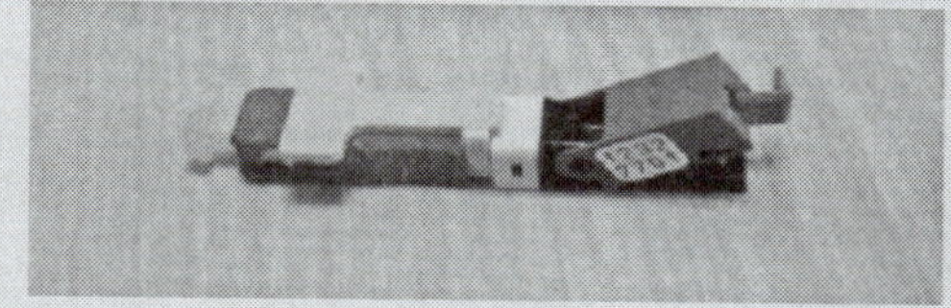

2. 制作冷接光纤跳线

制作冷接光纤跳线的步骤见表 1-5。

表 1-5　制作冷接光纤跳线的步骤

步骤	操作内容	示意图
1. 连接器安装准备工作	取出连接器蓝色尾盖中的灰色光缆夹	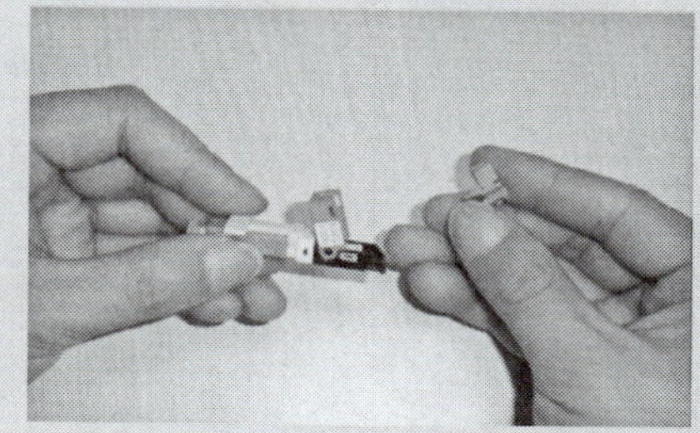
2. 光缆开剥及光缆夹安装	使用开剥工具开剥皮线光缆约 4 cm 长度，并将皮线光缆卡入灰色光蓝夹中	 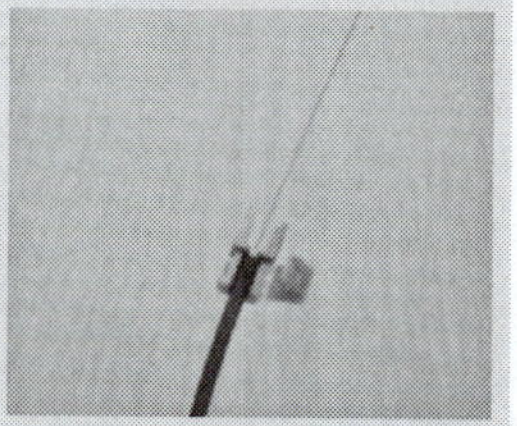
3. 光缆夹固定在定长夹具上	光缆夹固定在定长夹具上	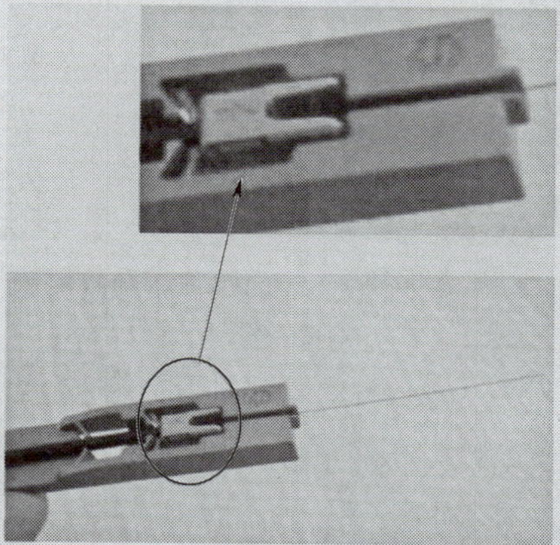

续表

步骤	操作内容	示意图
4. 将光缆夹放入定长切割工具的预埋型槽位中	合上光缆夹扣，将光缆夹放入定长切割工具的预埋型槽位中 需要注意的是光缆夹的箭头标志向上	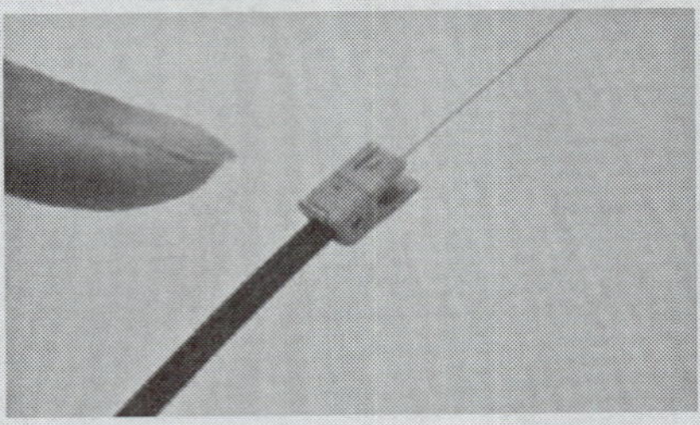
5. 切割前的光缆处理	使用米勒钳，贴着定长切割工具前端，剥去光缆涂覆层，并将光纤用酒精进行清洁	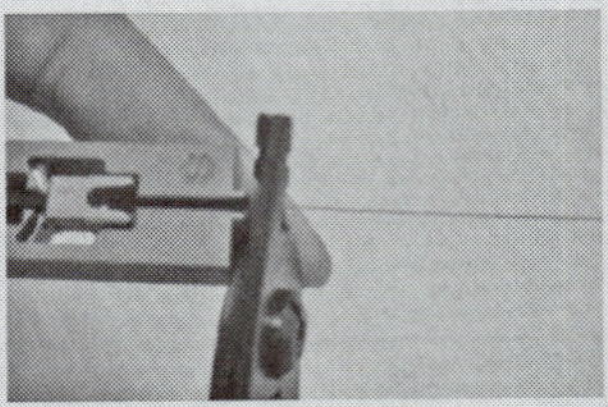 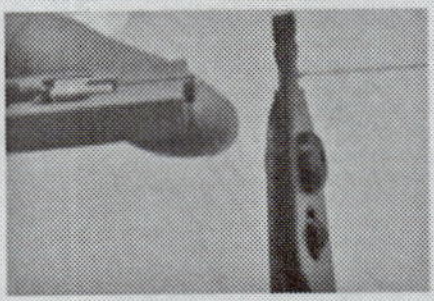 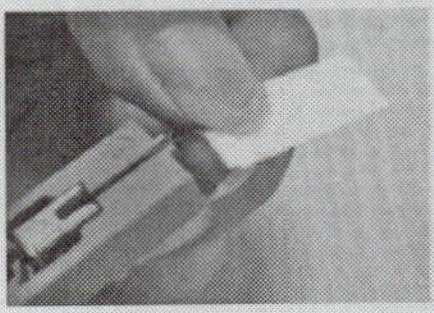
6. 光缆切割及质量检验	将割夹具放入光缆切割刀夹具位内，推至最前端进行光缆纤芯切割，切割完成后将光缆夹放在定长夹具后部的测量槽进行切割测量，检验纤芯是否合格，如不合格，请重新处理光纤	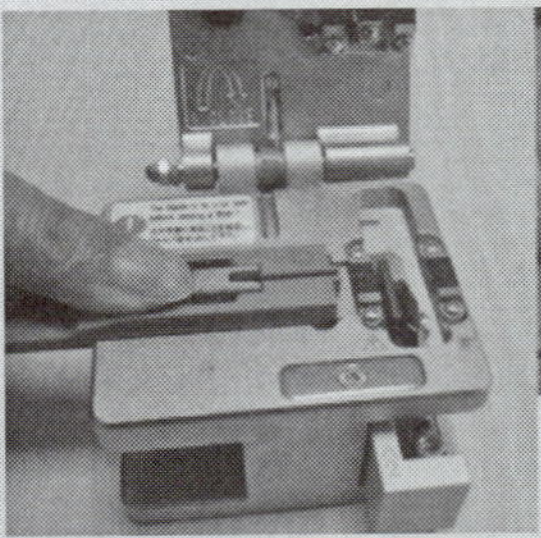 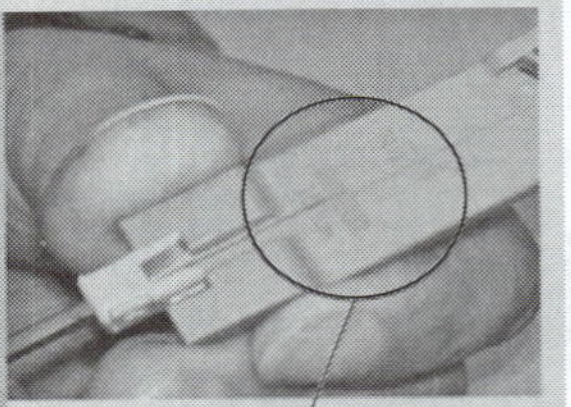 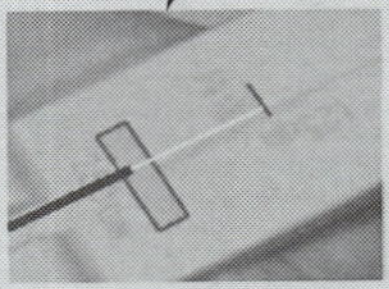 检验标准：涂覆层长度应在250区间内（紫色框体），纤芯（黄色）长度应该达到预埋纤芯标尺位置（红色线表示）
7. 穿入皮线光缆	将切割好的光纤头部放入连接器尾部的套筒内，拿住皮线光缆，平直向前推入光纤，当光缆夹到位后，会听见“咔嚓”一声。仔细观察会发现带有涂覆层的纤芯发生适度弯曲，这代表穿入的皮线光缆纤芯和预埋纤芯对接良好	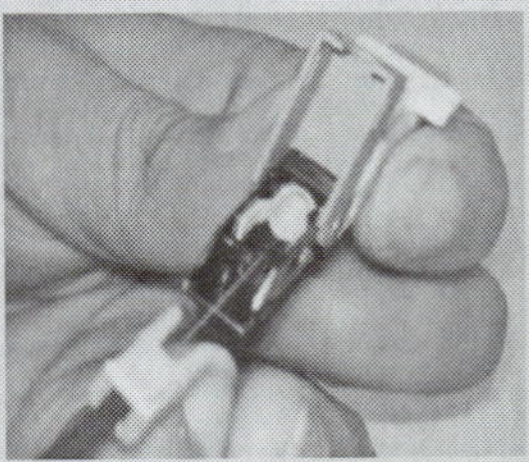 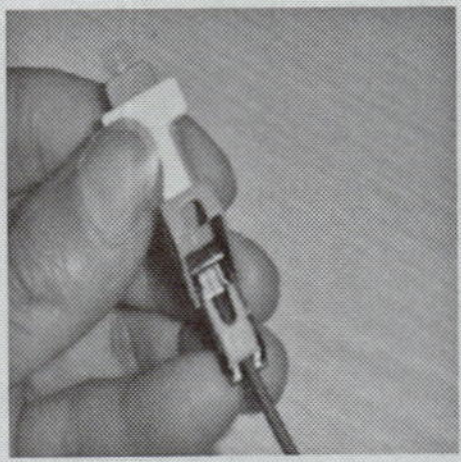 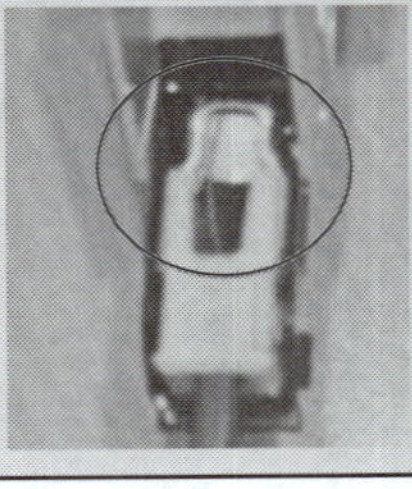

续表

步骤	操作内容	示意图
8. 装配	合上连接器尾部的蓝色尾盖，取下连接器前部的透明锲块或乳白色锲块，完成光纤网络跳线一端制作	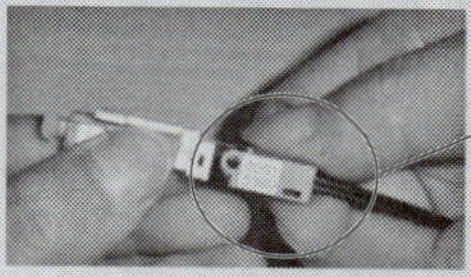 合上连接器尾部的蓝色尾盖 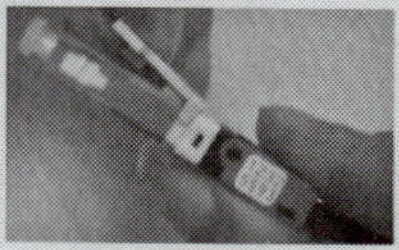 取下连接器前部的透明锲块或乳白色锲块，安装完成
9. 制作光纤网络跳线另一端	重复步骤一到步骤八，以同样方法制作光纤网络跳线另一端	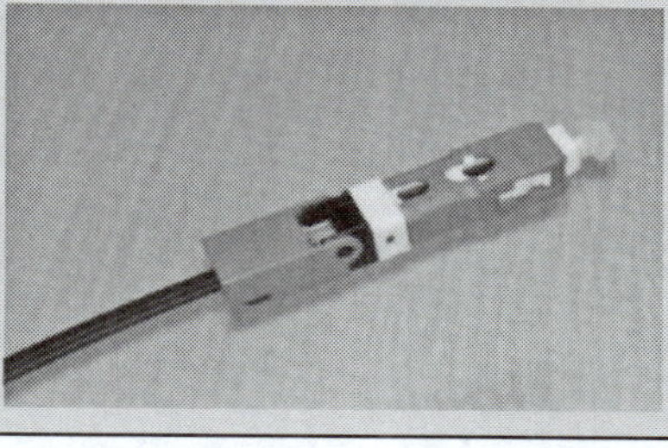

培训课程 3 安装调试路由器

学习单元 1　选用路由器

路由器是互联网的基本组成部分，它们不仅能为关键任务应用提供组网灵活性，而且还是影响安全性、流量管理和服务质量等网络层服务质量的关键设备。目前市场上，路由器产品门类繁杂，用户挑选能够满足自身网络需求的路由器产品的方法将在本培训课程中阐述。

路由器按照性能和价格，可分为高档、中档、低档。高档路由器组成企业互联网的主干，支持所有通用的路由协议和网络协议，采用模块化设计，端口密度高、吞吐量大，为企业互联网提供高安全性、高可靠性、高稳定性、高可扩展性。中档路由器用于组建小型企业主干网或在大型网络中连接主干设备，它可支持常见的路由协议及网络协议。中档路由器一般也采用模块化设计，根据所要连接的网络类型选择网络接口。低档路由器一般用于远程接入，把小规模的部门子网或园区网连入企业网主干，其典型配置为一个局域网端口和一至两个广域网端口，支持低速专线或拨号连接。这种路由器比较简单，易于配置和管理，也是目前在国内使用量最大的一类路由器。

选择路由器时首先要考虑其是否满足应用要求，如果其作为大型网络的骨干设备，则应提供充足的接入端口，应具备快速的网络处理能力，这种情况下应选择高档路由器。如果网络应用要求不是很高，中档路由器就可以满足需要。如果只是作为小型企业网的边界路由器与上一级主干互联，不需要过多的接入服务及复杂的路由功能，就可以选用低档路由器。

满足应用需求后，还应考虑路由器的扩展、升级能力，也就是投资保护问题。网络技术的发展日新月异，用户选购的路由器应便于进行升级，以保持技术的先进性。

管理配置方便是用户选择路由器时应该注意的另一个重要因素。优秀的路由产品应该有多种管理方式，有便捷的配置、管理工具，便于网络管理人员进行高效管理。

当然，对于用户来说，价格因素也是需要考虑的重要环节。路由器产品的费用并不只是购买时的一次性费用。路由器的运行、维护费用，以及路由器性能对广域网通信费用的影响都应考虑在内。

学习单元 2　安装、配置有线网络路由器

随着网络技术的不断更新换代，家用网络产品也从调制解调器、集线器、交换机发展到如今的宽带路由器。有线路由器是为满足家庭上网和小型企业办公的需要而设计的，允许多台计算机共享一条宽带线路上网。

一、安装有线路由器

将网线连接到路由器的 WAN 口，将需要上网的计算机连接到路由器的 LAN 口，连接好线路之后，确认对应的接口指示灯状况，应常亮或闪烁，如图 1 - 25 所示。

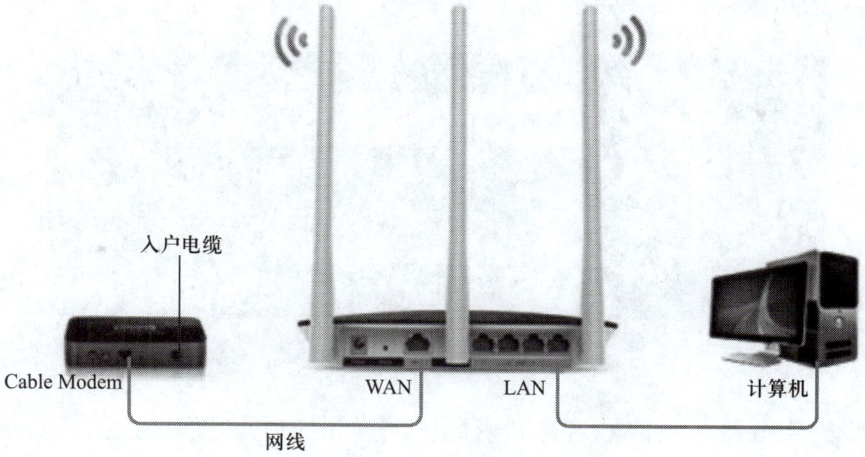

图 1 - 25　路由器连接图

二、配置有线路由器

1. 打开计算机，在浏览器地址栏中输入路由器的管理地址 tplogin. cn（或输入 IP 地址 192. 168. 1. 1），在弹出的设置管理员密码界面中设置并确认管理员密码，点击确定，登录路由器管理界面，如图 1－26 所示。

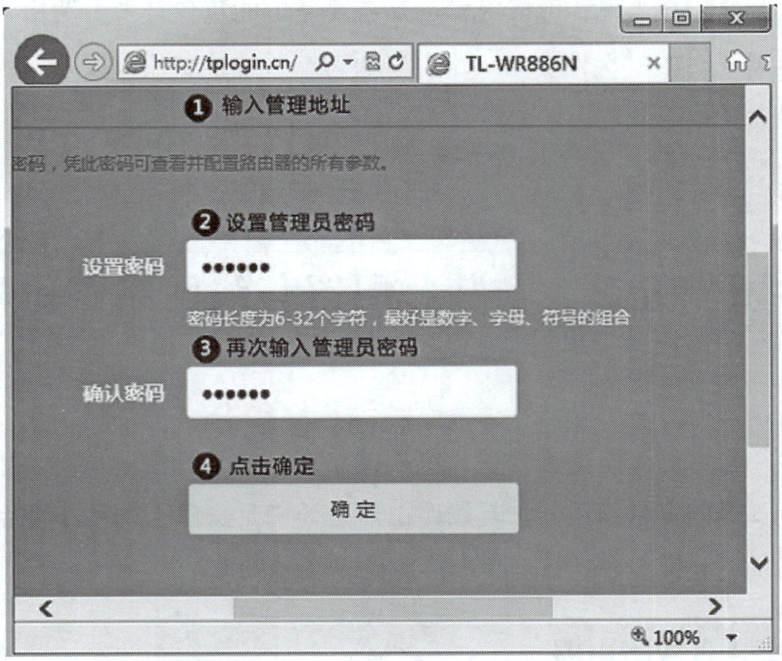

图 1－26　登录路由器管理界面

2. 路由器会自动检测上网方式，自动获得 IP 地址，等待检测完成后，点击“下一步”，如图 1－27 所示。

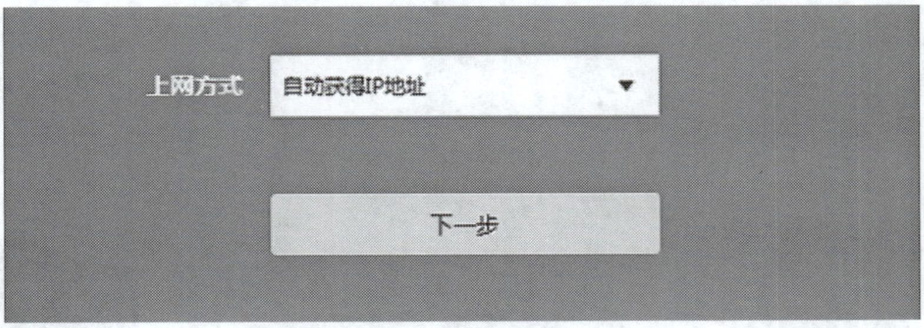

图 1－27　自动获取 IP 地址

3. 设置路由器无线信号名称和密码，设置完成后点击“确定”，如图 1－28 所示。

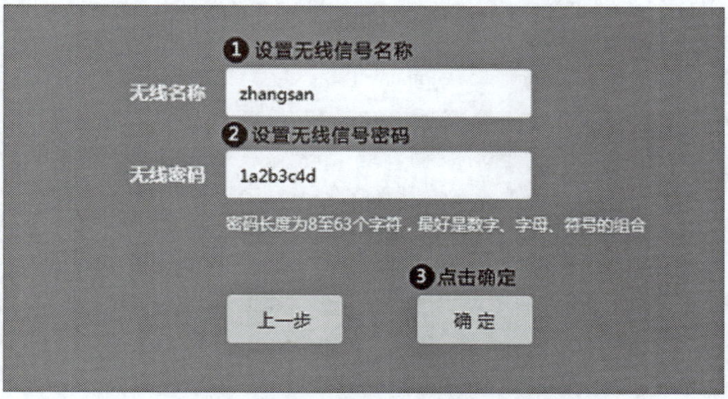

图1－28　设计路由器无线信号名称和密码

4. 路由器设置完成。可以看到管理界面的网络状态，如图1－29所示，即表示网络连接正常，计算机连接可以直接上网。

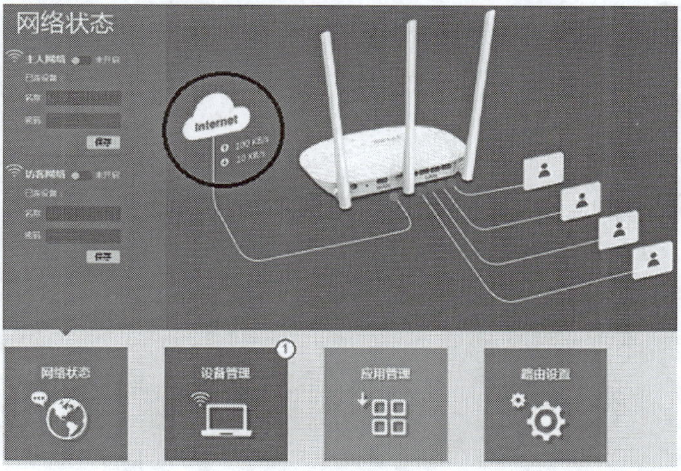

图1－29　管理界面网络状态

学习单元3　搭建物联网应用单元网络环境

一、整体设计

一个物联网系统涉及硬件、软件、云端、App各个环节，必须从整体进行顶层设计，只倚重某个单一的环节进行设计的系统不具备良好的适用性和扩展性。物联网系统架构如图 1－30 所示。

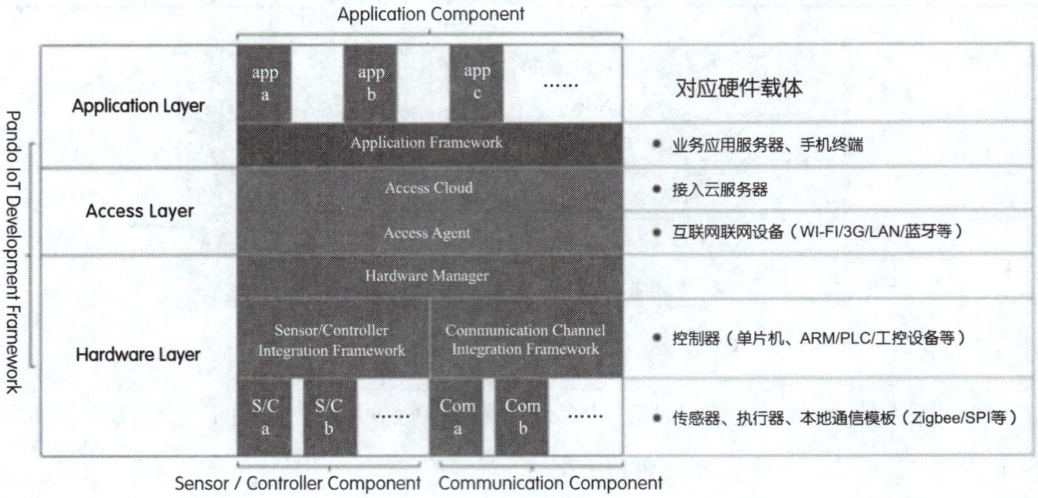

图 1－30　物联网系统架构

二、协议

在一个物联网系统中，协议是串通上下层的关键纽带。在物联网系统中，协议分为两大层：通信层和业务层，如图 1－31 所示。

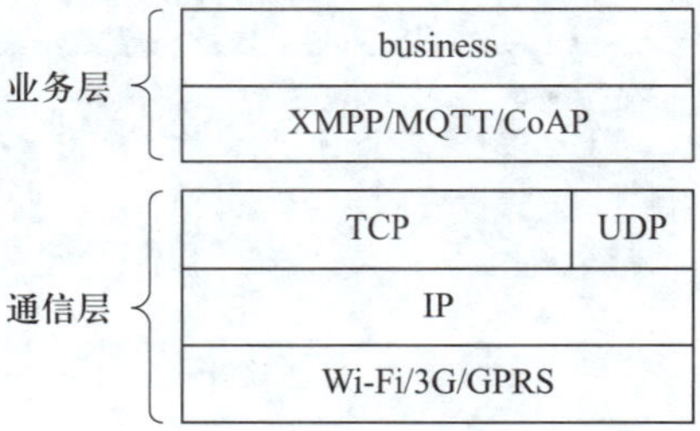

图 1－31　协议分类

通信层基本上是传统互联网的网络基础设施，负责数据在物联网系统节点中的传输。

业务层分为两层，底层是负责物联网场景下数据交换格式的规范，上层是物联网场景需要具体传输的业务数据规范。

互联网中使用较多的 HTTP、WebSocket 以及 XMPP 等协议，在设计时都是根据互联网应用场景设计的，虽然很多厂商把它们应用在物联网系统中，但是必然会水土不服，这些协议的通病是无法适应物联网设备的多样性，无法适应很多物联网设备对低功耗、低成本的需求，难以在极低资源的物联网设备中运用。

CoAP 协议针对资源受限的嵌入式设备设计，但由于很多物联网设备隐藏在局域网内部，CoAP 设备作为服务器无法被外部设备寻址，在 IPv6 没有普及之前，CoAP 只能适用于局域网内部（如 Wi-Fi）通信，这也极大限制了它的适用范围。

MQTT 在协议设计时就考虑到不同设备的计算性能的差异，所以所有的协议都采用二进制格式编解码，并且编解码格式都非常易于开发和实现。最小的数据包只有 2 个字节，对于低功耗低速网络也有很好的适应性。有非常完善的 QoS（服务质量）机制，根据业务场景可以选择最多一次、至少一次、刚好一次三种消息送达模式。其运行在 TCP 协议之上，同时支持 TLS（TCP + SSL）协议，并且由于所有数据通信都经过云端，安全性得到了较好的保障。

三、云端平台

互联网时代的用户上网终端主要是 PC 和手机等设备，可以想象，物联网时代，上网终端会呈多样化、海量化趋势。保守估计每人拥有数十套联网设备，数据规模必然大规模增长。所以物联网云端平台注定是一个大规模的海量分布式系统，如图 1－32 所示。

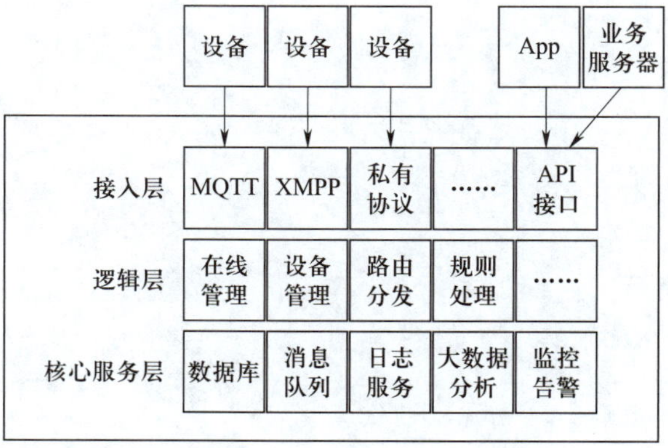

图1－32　云端平台设计

四、嵌入式

物联网硬件的嵌入式软件除了传统部分，必须加入联网逻辑以及传感器、控制器的管理，如图 1－33 所示。

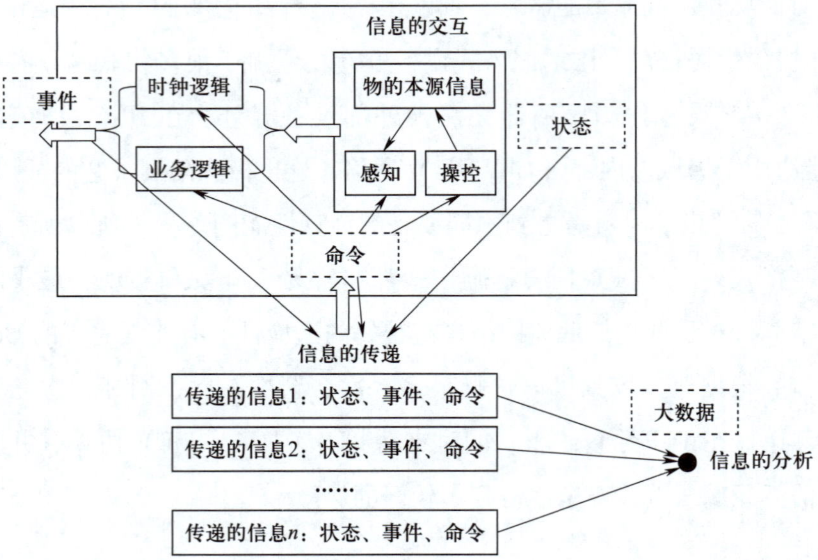

图1－33　物联网嵌入式应用

职业模块 2 硬件设备安装与调试

培训课程 1

识读电气图

学习单元 1　识读电气原理图

一、电气原理图的概念

电气原理图是用来表明电气设备的工作原理、各电气元件的作用及相互之间关系的一种示意图。电气原理图一般由主电路、控制电路、保护电路、配电电路等几部分组成。

二、常用电气图形符号和文字符号

常见元件图形符号、文字符号见表 2－1。

表 2－1　常见元件图形符号、文字符号

类别	名称	图形符号	文字符号	类别	名称	图形符号	文字符号
开关	单极控制开关	 或 	SA	开关	三极隔离开关	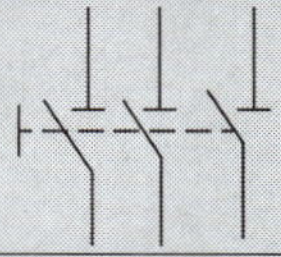	QS
	手动开关一般符号	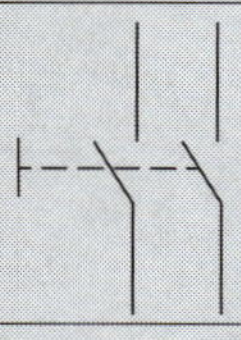	SA		三极负荷开关	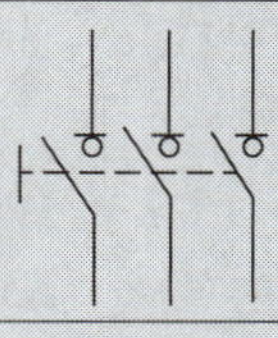	QS
	三极控制开关	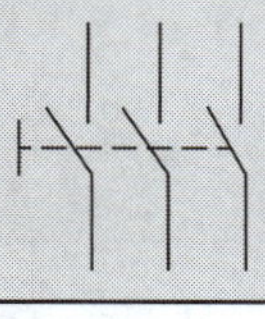	QS		组合旋钮开关	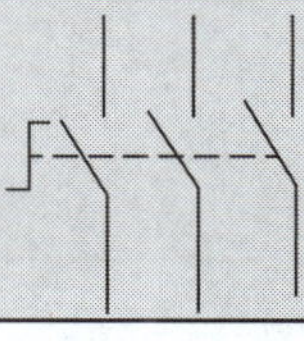	QS

续表

类别	名称	图形符号	文字符号	类别	名称	图形符号	文字符号
开关	低压断路器	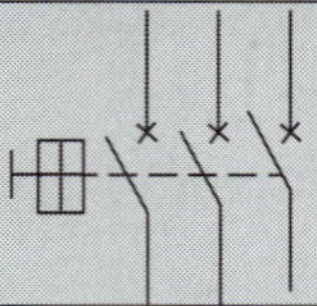	QF	按钮	动合（常开）按钮开关		SB
	控制器或操作开关	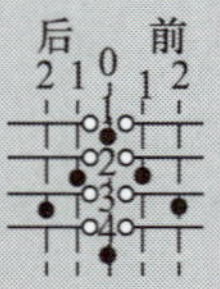	SA		动断（常闭）按钮开关	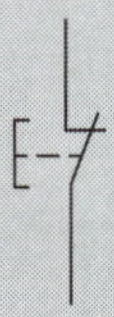	SB
位置开关	带动合触点的位置开关	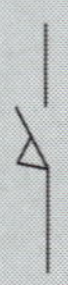	SQ		复合按钮开关		SB
	带动断触点的位置开关	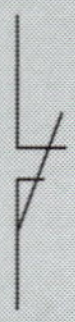	SQ		急停按钮	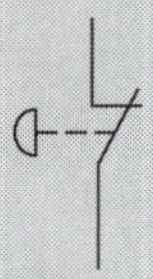	SB
	组合位置开关	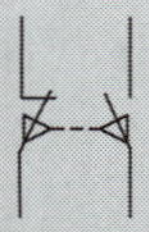	SQ		钥匙操作式按钮	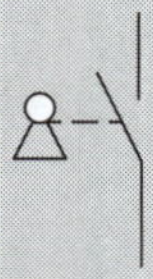	SB
接触器	线圈操作器件	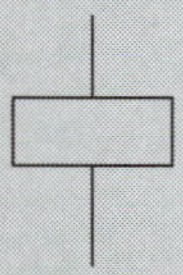	KM	热继电器	热继电器驱动器件	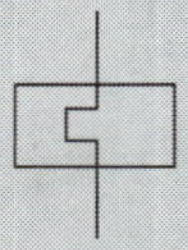	FR
	常开主触头	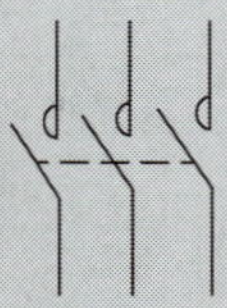	KM		动断（常闭）触点		FR
	动合（常开）触点		KM	中间继电器	线圈	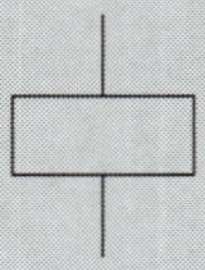	KA
	动断（常闭）触点	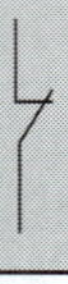	KM		常开触点		KA

续表

类别	名称	图形符号	文字符号	类别	名称	图形符号	文字符号
中间继电器	常闭触点	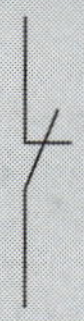	KA	电流继电器	过电流线圈	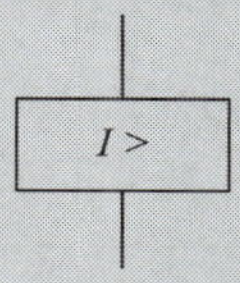	KA
时间继电器	通电延时（缓慢吸合）继电器线圈	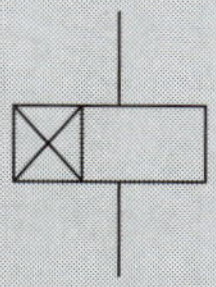	KT		欠电流线圈	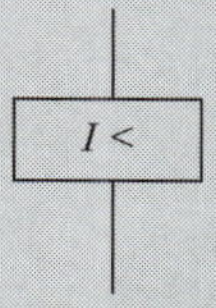	KA
	断电延时（缓慢释放）继电器线圈	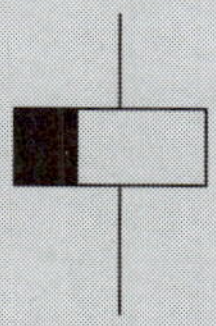	KT		常开触点		KA
	动合（常开）触点		KT		常闭触点		KA
	动断（常闭）触点		KT	电压继电器	过电压线圈	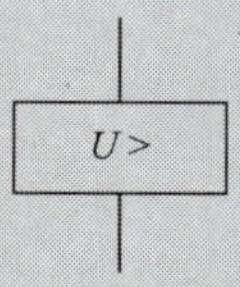	KV
	延时闭合的动合触点	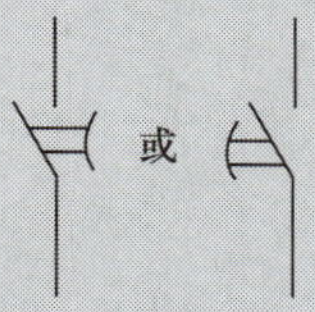	KT		欠电压线圈	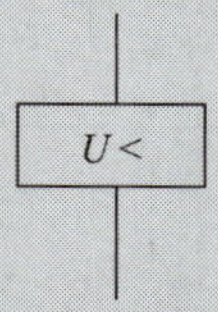	KV
	延时断开的动断触点		KT		常开触点		KV
	延时闭合的动断触点	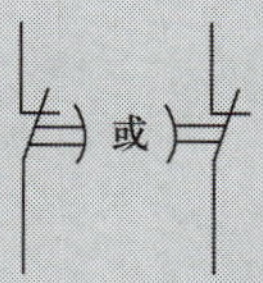	KT		常闭触点	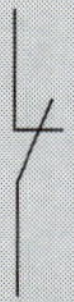	KV
	延时断开的动合触点	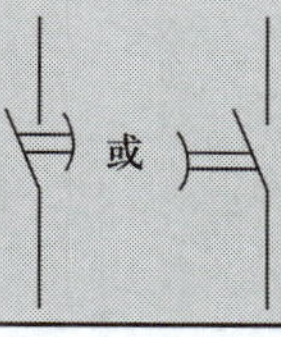	KT	电磁操作器	电磁铁的一般符号	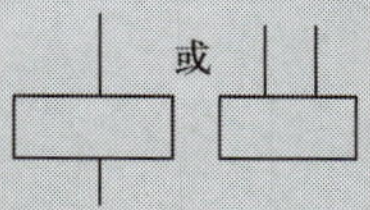	YA

续表

类别	名称	图形符号	文字符号	类别	名称	图形符号	文字符号
电磁操作器	电磁吸盘	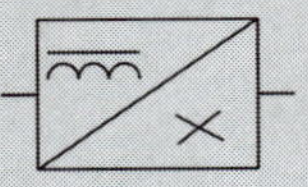	YH	电动机	三相笼型异步电动机	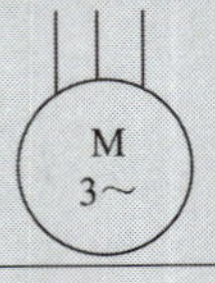	M
	电磁离合器	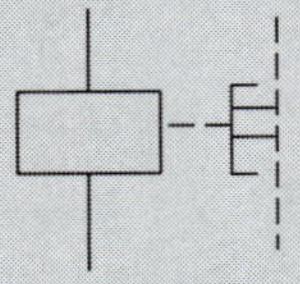	YC		三相绕线转子异步电动机	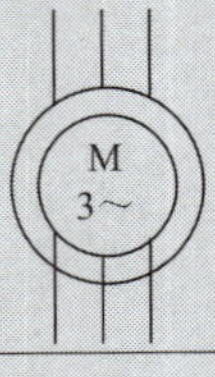	M
	电磁制动器	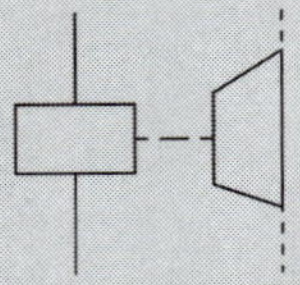	YB		直流他励电动机	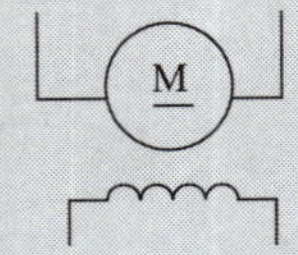	M
	电磁阀	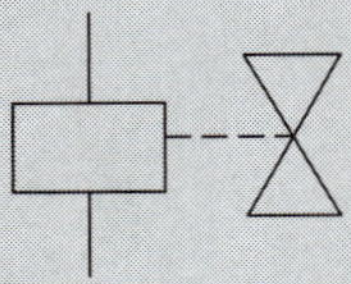	YV		直流并励电动机	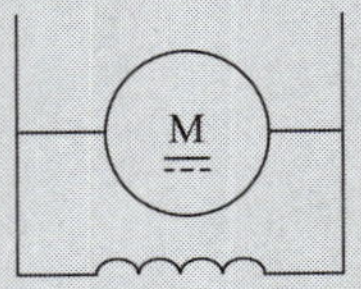	M
非电量控制的继电器	速度继电器常开触头	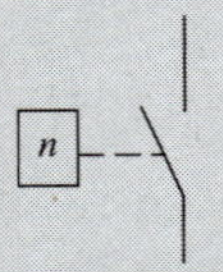	KS		直流串励电动机	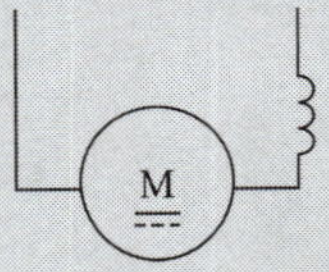	M
	压力继电器常开触头	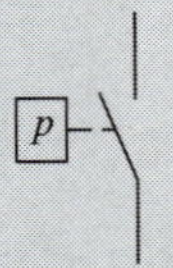	KP	熔断器	熔断器		FU
发电机	发电机	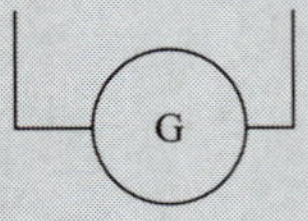	G	变压器	双绕组变压器	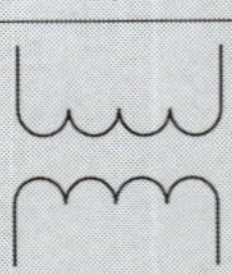	TC
	直流测速发电机	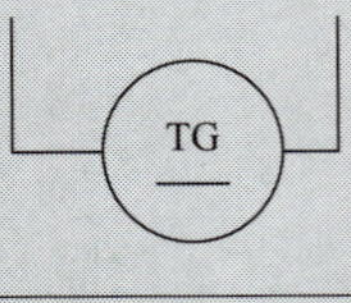	TG		星型三相变压器	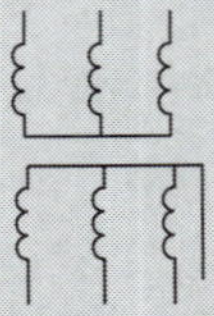	TM
灯	信号灯（指示灯）		HL	互感器	电压互感器	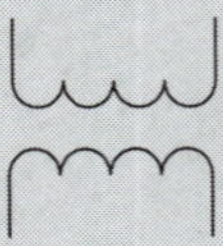	TV
	照明灯		EL		电流互感器		TA

续表

类别	名称	图形符号	文字符号	类别	名称	图形符号	文字符号
接插器	插头和插座	 或  （旧形式，供参考）	X 插头 XP 插座 XS		电抗器	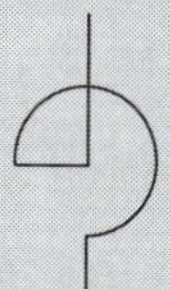	L

三、电气原理图绘制原则

1. 电气原理图一般分为主电路和辅助电路两部分。主电路包括从电源到负载的电路，是强电流通过的部分，用粗线条画在原理图的左边；辅助电路又包含控制电路、信号电路和照明电路。控制电路是通过弱电流的电路，一般由按钮、连接线、接触器的辅助触点等组成，用细线条画在原理图的右边。

2. 电气原理图中，所有电气元件的图形、文字符号必须符合国家标准。

3. 采用电气元件展开图的画法：同一电气元件的各部件可以不画在一起，但需用同一文字符号标出。若有多个同一种类的电气元件，可在文字符号后加上数字序号，如 KM1、KM2 等。

4. 所有电气元件的触点都按不通电、不受外力作用的断、合状态画出。

5. 各电气元件的动作顺序通常按从左到右、从上到下的规律排列，既可水平布置也可竖直布置。

6. 电气原理图中，有直接电连接的交叉导线，要用黑圆点标注在连接点上。

四、识读电气原理图

识读电气原理图的一般方法是先看主电路，再看辅助电路，并用辅助电路的回路去研究主电路的控制程序。

1. 识读主电路的步骤

第一步：看清主电路中用电设备。用电设备指消耗电能的用电器具或电气设备，看图首先要看清楚有几个用电设备及其类别、用途、接线方式等。

第二步：看用电设备是用什么电气元件控制的。控制电气设备的方法很多，有的直接用开关控制，有的用各种启动器或接触器控制。

第三步：看主电路中所用的控制电器及保护电器。前者是指除常规接触器以外的其他控制元件，如电源开关（转换开关及空气断路器）、万能转换开关。后者是指短路保护器件及过载保护器件。

第四步：看电源。了解电源电压等级是 380 V 还是 220 V，是从母线汇流排供电，或是配电屏供电，还是从发电机组接出来的。

2. 识读辅助电路的步骤

辅助电路包含控制电路、信号电路和照明电路。

第一步：看电源。首先看清电源的种类、电压等级以及从哪里接来。电源一般是从主电路的两条相线上接来，其电压为 380 V；也有从主电路的一条相线和零线上接来，电压为单相 220 V；此外，也可以从专用隔离电源变压器接来，电压有 140 V、127 V、36 V、6.3 V 等。辅助电路为直流时，直流电源可从整流器、发电机组或放大器上接来，其电压一般为 24 V、12 V、6 V、4.5 V、3 V 等。辅助电路中的一切电气元件的线圈额定电压必须与辅助电路电源电压一致。

第二步：看控制电路中的各种继电器、接触器的用途。

第三步：根据辅助电路研究主电路的动作情况。

对于控制电路的分析必须随时结合主电路的动作要求进行，只有全面了解主电路对控制电路的要求，才能真正掌握控制电路的动作原理，不可孤立地看待各部分的动作原理，而应注意各个动作之间是否有互相制约的关系，如电动机正、反转之间应设有联锁等。

第四步：研究电气元件之间的相互关系。电路中的一切电气元件都不是孤立存在的，而是相互联系、相互制约的。这种互相作用的关系有时表现在一条回路中，有时表现在几条回路中。

第五步：研究其他电气设备和电气元件。如整流设备、照明灯等 。

案例分析

利用两个交流接触器交替工作，改变电源接入电动机的相序来实现电动机正反转控制，如图 2－1 所示。

电动机正转：按下按钮 SB1，交流接触器 KM1 线圈通电，KM1 主触点闭合，电动机正转；KM1 常开触点闭合并自锁，KM1 常闭触点断开，反转控制接触器 KM2 不能接通。

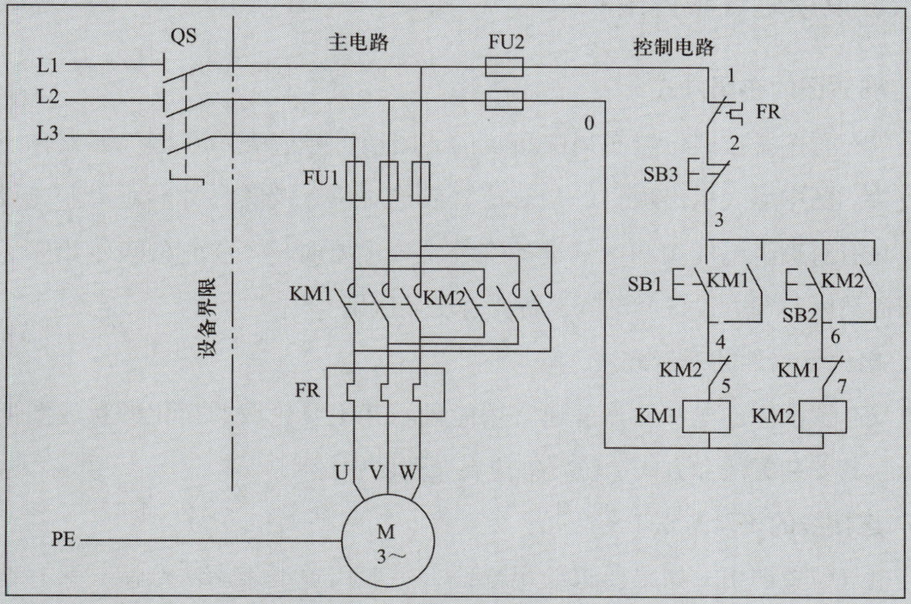

图2-1　接触器联锁正反转控制线路

电动机反转：按下按钮SB2，交流接触器KM2线圈通电，KM2主触点闭合，电动机反转；KM2常开触点闭合并自锁，KM2常闭触点断开，正转控制接触器KM1不能接通。

学习单元2　识读电气布置图

一、电气布置图的概念

在电气图中，用来表达项目相对或绝对位置信息的图称为电气布置图。图中用简化外形表示电气元器件的安装位置和尺寸。电气布置图常与电路接线图配合，主要用于电气设备和电气线路的安装、接线、检查、维修和故障分析等场合。

二、识读电气布置图

1. 布置图的布局方式

电气布置图是按照位置布局法布置的，图形符号应表示在电气元器件所在的大概位置。图中应表示出项目的相对位置或绝对位置及其尺寸。对于非电设备的信息，只有对理解电气图和电气设备安装十分重要时，才将它们表示出来。但为了使图面清晰，非电设备和电气设备要有明显区别。

2. 电气元器件的表示方法

电气布置图中的电气元器件通常用能显示其主要轮廓的简化形状或图形符号来表示，其安装方法和方向、位置等应在布置图中标明。

3. 连接线的表示方法

在电气位置图中，如果要求绘出导线，一般用单线表示法绘制，只有在需要表明复杂连接的细节时，才允许采用多线表示。连接线应区别于表示地貌、结构或建筑物内容的图线。如可采用不同的线宽、不同墨色或不同颜色，以区别基本图上的图线，也可以采用画剖面线或阴影线的方法。当平行线太多时，可将其简化成线束，并标注参照代号。

4. 设备位置的确定方法

在布置图中，可借助于物体的简化外形、物体的主要尺寸、物体之间的距离以及代表物体的符号等信息确定物体的相对位置或绝对位置及其尺寸。位置信息可以与安装电气元器件周围环境的信息一起提供。

案例分析

分析图 2－2 所示屏面布置图的画法，并识读其所表达的信息。

图中项目主要采用框形符号表示，但信号灯、按钮、连接片等采用一般符号表示，并按其相对位置布置。虽然项目的大小并没有完全按实际尺寸画出，但给项目的中心间距标注了严格的尺寸。在仪表、继电器、接触器等框形符号内标注了参照代号，如“PJ1”“PJ2”“KT1”“KT2”“KM1”“KM2”等。对一些框形尺寸较小的项目，则用引出线表示。对光字牌、信号灯、按钮等外形尺寸较小的项目，则用比其他项目较大的比例绘制。连接片布置在屏面的下方，供调试用。在距地面250 mm的屏面上有一个圆孔，孔径为50 mm，供调试时穿导线用。

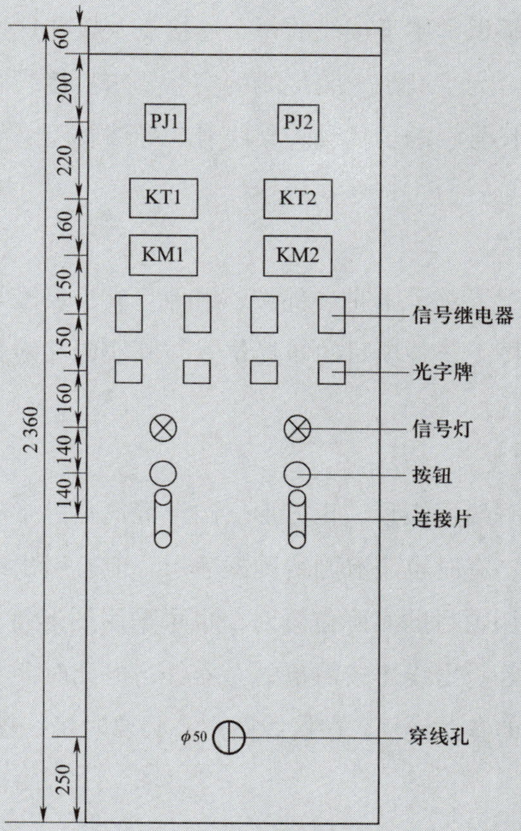

图2-2 屏面布置图

学习单元3 识读电气安装接线图

一、电气安装接线图的概念

电气安装接线图是根据电气设备和电气元件的实际位置和安装情况绘制的，用以反映电气设备或元件连接线关系的简图，为接线和线扎制作提供方便。在实际使用中，电气安装接线图常与电气原理图配合，用于安装接线、线路检查和故障处理等工作。

二、识读电气安装接线图

接线图应包含能够识别用于接线的每个连接点及接在这些连接点上的所有导线和电缆的主要信息。为了满足安装接线的实际要求，接线图通常还应表示出项目的相对位置、参照代号、端子代号、导线号、导线类型、导线截面积、屏蔽和导线绞合等内容。

1. 项目的布局方式

在接线图中，项目（如元器件、部件、组件、成套装置等）的布局应采用位置布局法，即在接线图上，各项目的布局位置与其实际相对位置相同，无须按比例布置。

2. 项目的表示方法

接线图中的项目一般用矩形、正方形、圆形等简化外形符号表示。简化外形符号常用细实线绘制，有时也用点画线围框表示，但有引出线的围框边应用细实线绘制。在不需要强调项目的实际位置时，也可采用图形符号表示，如电阻、电容、信号灯、熔断器等引出线比较简单的元器件，但此时要在图形符号旁标注与电路图或逻辑图相同的参照代号。在接线图中，必要时可在项目内加注项目简称、基本数据或说明。

3. 端子的表示方法

在接线图中，端子一般用图形符号和端子代号表示。当端子在项目的简化外形中能清晰识别时，无须画出端子图形符号，可只标出端子代号。如需说明接线端子是可拆卸的或不可拆卸的时，则应在图中画出相应的图形符号或注明。

4. 导线的识别标记

（1）从属标记

从属本端标记是指在导线或线束的端部标记与其本端部连接的端子代号的一种标记方式。从属远端标记是指在导线或线束的端部标记与其远端部连接的端子代号的一种标记方式。

（2）独立标记

独立标记指导线或线束的标记与其所连接的端子的代号无关的标记方式。这种标记方式一般只用于用连续线方式表示的接线图中。

5. **导线的表示方法**

（1）导线的连续线表示方法和中断线表示方法

导线的连续线表示方法如图 2－3 所示，中断线表示方法如图 2－4 所示，图中在端子引线旁标注相应的端子代号作为导线的标记。

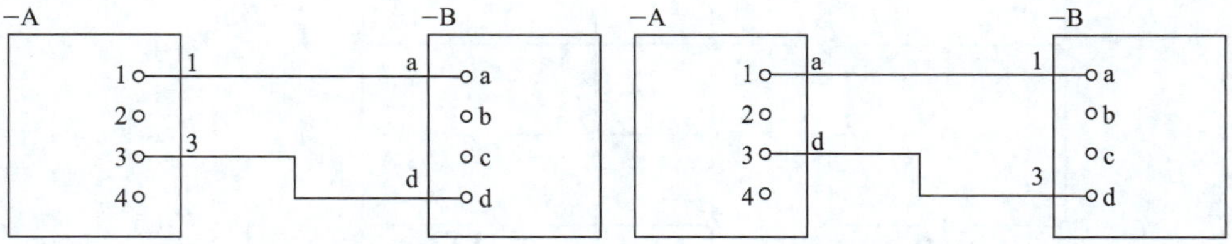

a）从属本端标记示例　　b）从属远端标记示例

图 2－3　导线的连续线表示方法示例

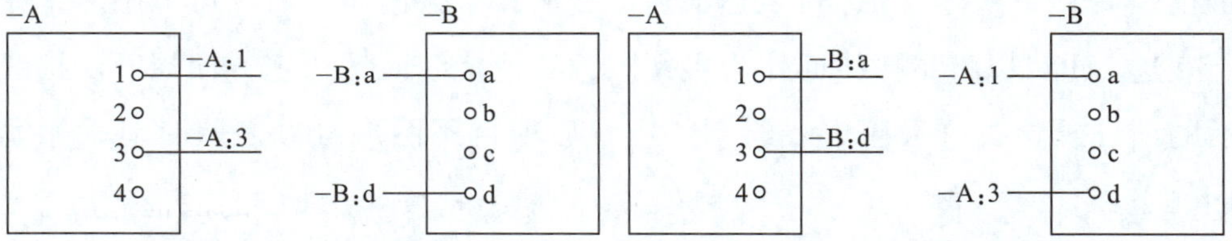

a）从属本端标记示例　　b）从属远端标记示例

图 2－4　导线的中断线表示方法示例

（2）导线的多线表示方法和单线表示方法

导线的多线表示方法是指每条导线均用一条图线表示，导线的单线表示方法是指将多线汇聚成束，并将束线用单线表示。

6. **矩阵布局形式及其简化表示**

矩阵布局形式是一种特殊的接线图布局形式，适用于小幅面内需表示出大量导线连接的情况，如图 2－5 所示。矩阵布局形式如下。

（1）连接的端子符号应按网格形式排列，每个端子都应加以标记。

（2）每个元件上的端子符号，应按能明确提供连接信息的顺序垂直（水平）对正。

（3）每根导线应该用水平（垂直）连接线表示，并穿过被连接的端子符号。

（4）当需要表示出每根点到点的导线时，一根导线应该用一根连接线表示，并标注导线号。

7. **视图的选择**

接线图应选择最能清晰地表示出各项目、端子且布线最多的一面作为主视图。

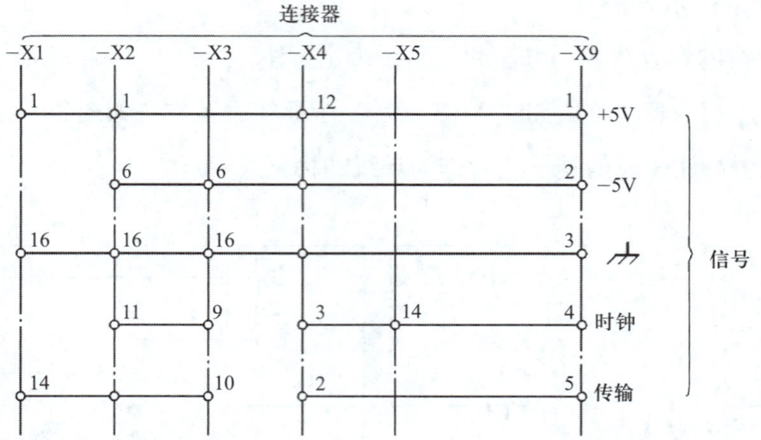

图2－5　矩阵接线图

一般情况下采用一个视图即可表达清楚。当从几个方向布线时，可采用多个视图进行表达，也可以将主接线面作为主视图，其他接线面按一定方向展开。接线面背后的项目或导线可采用虚线绘制。当背后项目用图形符号表示时应采用实线绘制。

8. 被遮盖项目或端子的画法

在接线面上，当若干项目叠装成几层或接线端子彼此遮盖而不能按常规投影方法表达其接线关系时，可采用以下方法绘制。

（1）将有关项目移动，使被遮盖的项目露出。对于被遮盖的端子，可将有关端子适当延长，使其露出，以便表示出其接线关系。

（2）将项目翻转或移开视图，并在其上方加注说明。

（3）采用辅助视图来表示，如剖视图、局部视图、向视图等，并在视图上方标明视图的名称。

案例分析

分析图2－6小型发电机组互连接线图的画法，并识读其所表达的信息。

1. 图样的画法

（1）图2－6中的发电机、控制屏、柴油机项目都用点画线围框表示，分别标注了功能面参照代号和设备型号。例如，发电机的参照代号

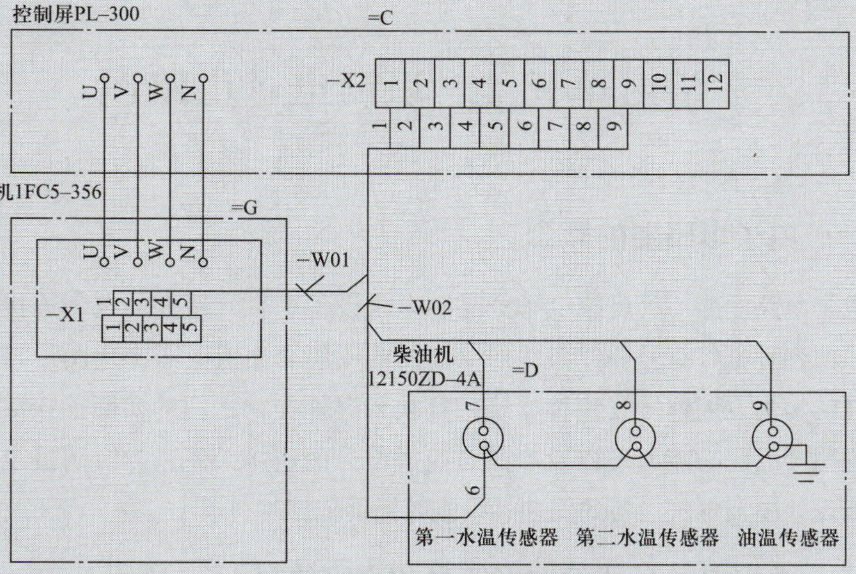

图2-6 小型发电机组互连接线图

为 = G，型号为 1FC5 - 356；柴油机的参照代号为 = D，型号为 12150ZD - 4A；控制屏的参照代号为 = C，型号为 PL - 300。

(2) 图 2-6 中的每个项目都只画出了对外连接的元件及端子，如发电机的接线端子板 - X1，控制屏的接线端子板 - X2。

(3) 连接线用连续线表示法和单线表示法绘制。各连接线用独立标记法标注。如发电机的端子板 - X1 与控制屏端子板 - X2 的连接电缆的参照代号为 - W01，共有五根线芯，依次标注独立标记为 1、2、3、4、5。

2. 识读图样

(1) 接线图的基本构成

如图 2-6 所示，发电机组装置由发电机、柴油机和控制屏三个单元构成，并给出了三者之间的电气互连接线关系。

(2) 接线图的连接关系

发电机（ = G）的电源线端子 U、V、W、N 分别与控制屏（ = C）电源线端子 U、V、W、N 相连接，发电机端子板（ = G - X1）的 1、2、3、4、5 端子经连接电缆 - W01 与控制屏端子板（ = C - X2）的 1、2、3、4、5 端子相连接，柴油机（ = D）的 6、7、8、9 端子经连接电缆 - W02 与控制屏端子板（ = C - X2）的 6、7、8、9 端子相连接。其中，6 号端子为接地端子。

学习单元4　识读电子电路图

一、电子电路图的概念

电子电路图是一种反映电子产品和电子设备中各元器件的电气连接情况的电路图，由各种电气符号和线条按照一定的规则组合而成，图中用图形符号来代替元器件的实物，用连接线代替导线来反映元器件实物之间的实际连接关系，主要用于说明产品的功能原理以及产品各组成部分的连接关系，为绘制接线图和印制电路板设计图及电气设备的安装、维修等提供依据。

二、常用电子元器件图形符号和文字符号

常用电子元器件的图形符号及其对应文字符号见表2－2。

表2－2　常用电子元器件的图形符号及其对应文字符号

名称	图形符号	文字符号	名称	图形符号	文字符号
开关		S	半导体二极管		VD
电池	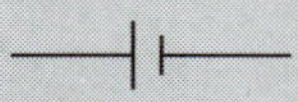	GB	三极管		VT
电阻器		R	扬声器		B
带滑动触点的电位器	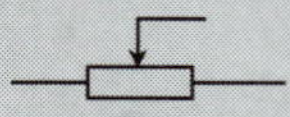	RP	连接导线		
电容器	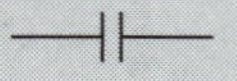	C	不连接导线	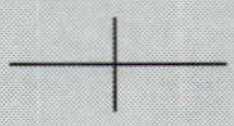	
电感器，线圈		L	接地		
带磁芯的电感器		L			

三、电子电路图绘制原则

1. 电路的布局

电路图采用功能法布局，图中各项目按工作顺序从左至右、自上而下进行排

列，并遵守以下布局原则。

（1）当电路垂直布置时，类似项目要横向对齐。

（2）为了强调信号流，图中的连接线应尽可能保持直线，相关项目的图形符号应排列整齐并使电路直接连通。

（3）为了强调功能关系，图中功能相关项目的图形符号应集中在一起，使其关系表达得更加清晰。

（4）同等重要的并联支路应依主电路对称布置。

2. 连接线的绘图规则

（1）元器件之间的连接导线在电路中用实线表示，横竖两导线交点处画有一圆点，表示两导线连接在一起，无圆点表示两导线交叉而不连接。

（2）连接导线也可以用简化画法，如图2－7所示，在IC1与IC2之间的连线上有3道短斜杠，表示有3条导线分别将IC1与IC2的A与A、B与B、C与C连接在一起，而这3条导线之间并不互相连接。

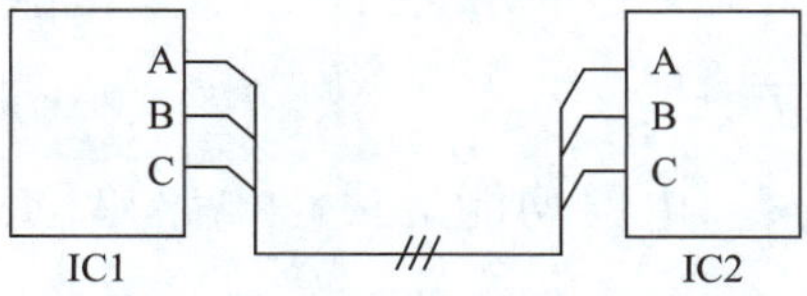

图2－7 连接导线简化画法

（3）当连接导线的两端相距较远、中间相隔较多的图形区域时，可以采用中断加标记的画法，如图2－8所示。

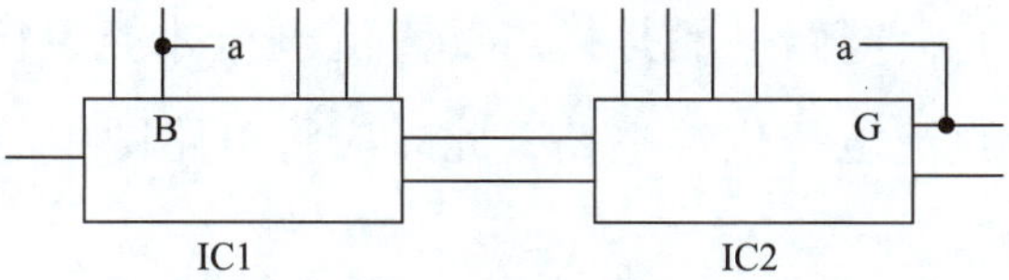

图2－8 连接导线中断加标记的画法

（4）某些元器件之间如果具有非电的联系，则用虚线在电路图上表示出来。

3. 电源线与地线的绘图规则

电路图中通常将电源线或者双电源中的正电源引线安排在元器件的上方，将地线或者双电源中的副电源引线安排在元器件的下方。一般情况下，接地符号是向下引出的，但有时出于绘图布局上的需要，接地符号也可以向上、向左或向右引出。

为了绘图方便，较复杂的电路图中往往不将所有的地线连接在一起，而代之以一个个孤立的接地符号。有时电源线也采用分散表示的画法，应理解为所有标示相同的电源线都是连接在一起的。

通常不画出集成运放和数字集成电路的电源引线，但分析电源电路和实际制作时不能忘记其电源引线与地线。

4. 图形符号的位置与状态

元器件图形符号在电路图中的方位可以根据绘图需要放置，可以横放或竖放，可以朝上也可以朝下，也可以旋转和镜像。

有些元器件包括若干组成部分，在电路图中可以根据需要采用集中画法或分散画法。集中画法是将该元器件的若干组成部分相对集中地画在一起。分散画法是将该元器件的若干组成部分相对分散地画在电路图的不同地方。

四、识读电子电路图

在电子产品中，电路图主要有单元电路图、集成电路图、整机电路图等形式。

1. 单元电路图的识读方法

单元电路是指能完成某一电路功能的最小电路单位，如某一级控制电路、某一级放大电路、某振荡电路、某变频电路等。单元电路图是一种具有完整功能的电路图。虽然单元电路的种类较多，且各种单元电路的具体识读方法也各有不同，但仍有其共性。

（1）识读直流电路

在电子产品中，直流电路一般是指需要直流电压才能工作的电路。对直流电路的识读，先要分析直流电压供给电路，此时应将电路图中的所有电容器看成开路，将电感器看成短路。

对整机电路的直流电路分析，一般按从右向左的顺序进行，对具体单元电路的直流电路分析，一般按自上而下的顺序进行。

（2）识读信号传输过程

分析信号传输过程就是分析信号在该单元电路中如何从输入端传输到输出端，识读方向一般按从左向右的顺序进行。

（3）识读元器件的作用

分析元器件的作用就是要搞懂元器件在电路中起什么作用，例如，在电路中电阻可用作分配电压、降低电压、稳定和调节电流、限流等；电容器可用于调谐、滤波和能量转换等。元器件的作用主要从直流电路和交流电路两个角度去分析。

2. 集成电路图的识读方法

（1）识读集成电路引脚及其作用

（2）识读集成电路

1）识读集成电路的直流电路，主要分析电源引脚和接地引脚的外电路。

2）识读集成电路的信号传输，主要分析信号输入和输出引脚的外电路。

3）识读集成电路其他引脚的外电路。

4）识读信号的放大、处理过程。

3. 整机电路图的识读方法

在整机电路图中，各单元电路的画法是有一定规律的，一般情况下电源电路画在整机电路图中的右（或左）下方，信号源电路画在电路图的左侧，负载电路画在整机电路的右侧，各级放大器电路从左向右排列，双声道电路中的左、右声道电路上下排列，各单元电路中的元器件是相对集中在一起的。对整机电路图的识读要注意以下几点。

（1）对整机电路图的识读，主要是找出各部分单元电路在整机电路图中的位置、单元电路的类型以及对直流工作电压供给电路交流信号传输过程的识读。直流工作电压供给电路的识读方向一般按从右向左的顺序进行，对某一级放大器电路的直流电路识读方向按自上而下的顺序进行，对交流信号传输过程的识读方向一般按从左向右的顺序进行。

（2）在识读整机电路图的过程中，若对某个单元电路识读有困难（如对某型号的集成电路应用电路识读有困难），可以查找这一型号集成电路的内电路框图、各引脚作用等资料帮助识读。整机电路中包含数字电路和模拟电路，但电路图本身并没有标明哪些是数字部分，哪些是模拟部分，这就需要对每部分电路进行具体分析，通常情况下整机电路的最后面部分是模拟电路。数字电路部分的许多功能是通过软件来实现的，识读中不需要对软件十分熟悉，但要了解软件处理信号的目的、过程和处理结果。

（3）随着科学技术的发展，整机电路中采用集成电路的情况越来越多，采用大规模集成电路、数字电路的情况也越来越多。因此，对整机电路图识读的重点应集中在对集成电路外电路元器件作用的识读上，而集成电路功能、内电路组成和各引脚作用可借助框图来了解。

案例分析

识读如图 2－9 所示的低频放大电路图。

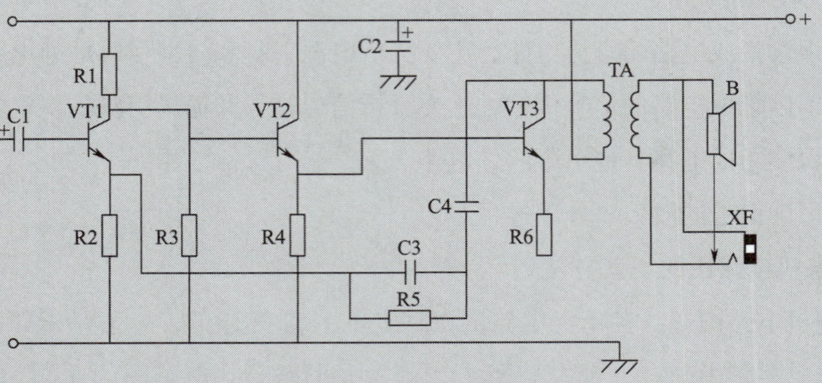

图2－9　低频放大电路图

分析电路图，了解电路的组成形式，弄清各组成部分的作用及各部分的连接关系，从而熟悉整个电路的工作原理和性能要求。因此，看懂电路图需要具备有关的电路专业知识，熟悉、了解基础电路和常用的典型电路模式。在具体看图时应从以下几个方面考虑。

1）概括地了解电路图的布局、图形符号的配置及图线的连接等信息。图 2－9 所示电路是依信号流向从左向右布局的。图中各类元器件如 VT1、VT2、VT3 及 R2、R3、R4、R6 等在横向上对齐；功能上相关的项目靠近，如 C3 和 R5，以使其关系清晰。

2）结合专业知识及常见的典型电路、基础电路的结构，按布局顺序从左向右、自上而下地逐级分析，弄清各级本身的结构、各级之间的连接关系及组合方式。图 2－9 所示为一个低频放大电路，与其他单元电路组合，可成为具有某种功能的整机电路。此电路由三级三极管放大电路组成，各级电路之间均为直接耦合。

3）分析整个电路的工作过程与功能关系。在图 2－9 中，外加信号接到低频放大电路的输入端 C1 上，并经 C1 耦合到 VT1 的基极上，然后通过 VT1、VT2 和 VT3 的逐级放大，最后加到变压器 TA 的初级上。变压器在这里主要起耦合交流信号、进行电流匹配的作用，它将初级上经过放大的信号耦合加到扬声器 B 上。

4）结合元件表对照各元器件在图中的参照代号及所处位置，进一步了解其在电路中的作用及主要参数，以便为后续的装配工作做好准备。

培训课程 2 使用常用电工电子工具和仪表

学习单元 1　电工刀和钳口工具的使用

一、电工刀及其使用

电工刀（见图 2－10）是用于剥削导线和切割物体的工具，使用时刀口应朝外进行操作，用完后应随即把刀身折入刀柄内。电工刀的刀柄结构是不绝缘的，不能在带电物体上使用电工刀进行操作。在剖削绝缘导线的绝缘层时，应使刀面贴在导线上与导线成较小的锐角进行切割，这样刀口不易损伤线芯。

图 2－10　电工刀

二、钳口工具及其使用

1. 尖嘴钳

尖嘴钳（见图 2－11）的头部尖细，主要用于小型元器件的引线成型、导线加工、剥塑料绝缘层、夹持较小的电子元器件以及布线。常见的尖嘴钳规格有 130 mm、160 mm、180 mm、200 mm 等。

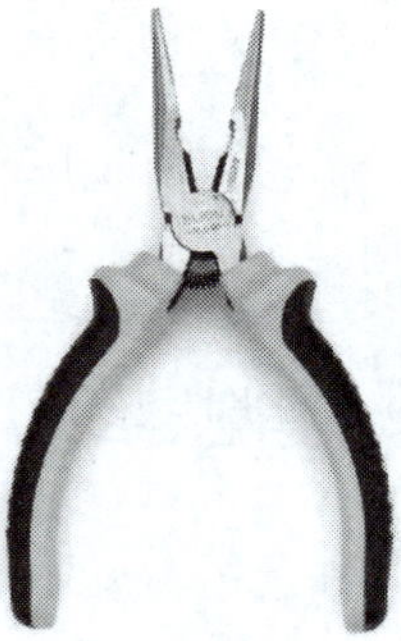

图2－11 尖嘴钳

2. 斜口钳

斜口钳（见图2－12）主要用于直径小于1.5 mm的铜、铝导线和元器件引线的剪切，特别适用于钩焊、绕焊、打焊、插焊后多余的线头或元件引线的剪切。常见的尖嘴钳规格有130 mm、160 mm、180 mm、200 mm等。

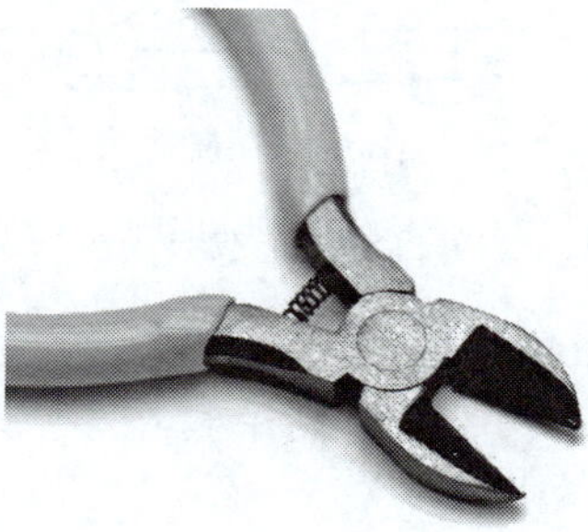

图2－12 斜口钳

3. 钢丝钳

钢丝钳（见图2－13）用来夹持导线，加工较粗、较硬的导线。由于它本身带刀口，也可作为剪切导线和剖切软导线绝缘层的工具来使用。

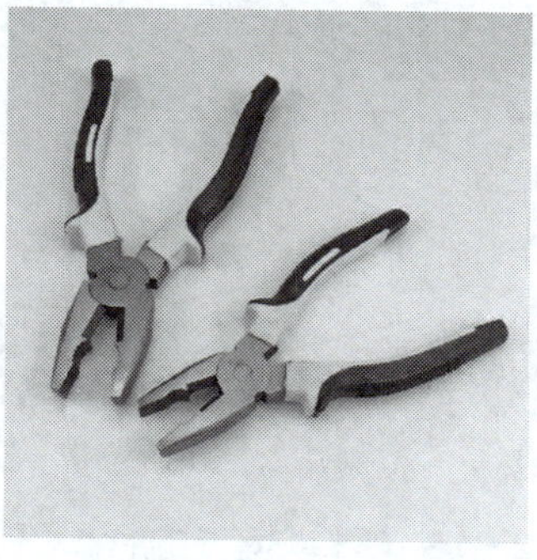

图2－13 钢丝钳

操作技能

剖削导线

一、操作准备

1. 准备电工刀、钳口工具、塑料绝缘硬导线、塑料护套线、橡胶绝缘电缆线等。

2. 穿戴安全防护用具及劳动保护用品。

二、操作步骤

1. 剖削塑料绝缘硬导线端头绝缘层，如图 2－14 所示。

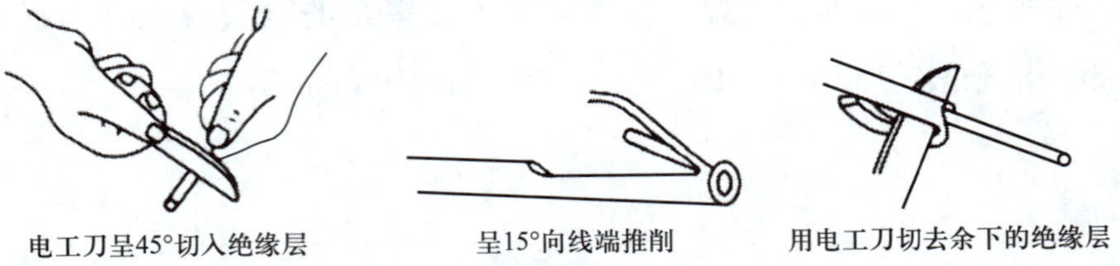

图 2－14　塑料绝缘硬导线端头绝缘层的剖削

2. 剖削塑料绝缘硬导线中间绝缘层，如图 2－15 所示。

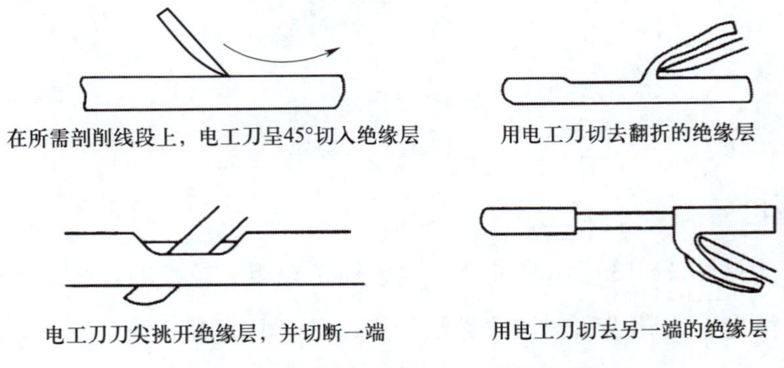

图 2－15　塑料绝缘硬导线中间绝缘层的剖削

3. 剖削塑料护套线绝缘层，如图 2－16 所示。

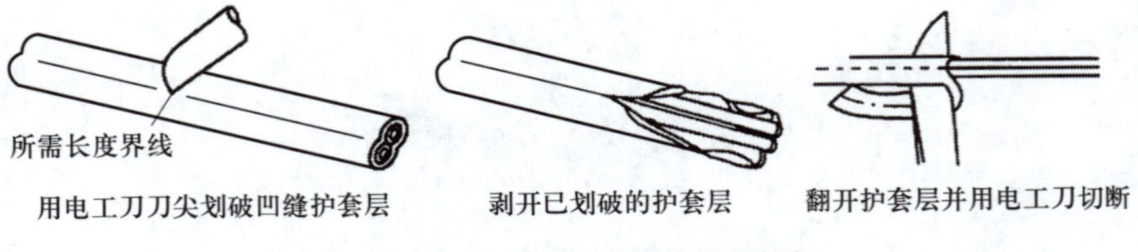

图 2－16　塑料护套线的绝缘层剖削

4. 剖削橡胶绝缘电缆线绝缘层，如图 2－17 所示。

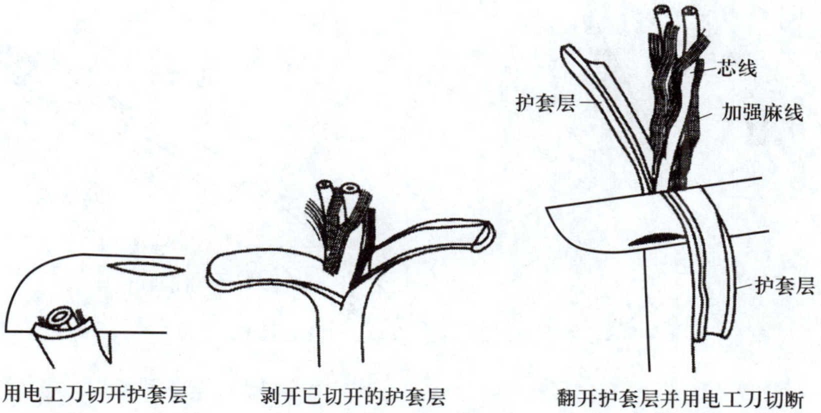

图 2－17　橡胶软电缆线的绝缘层剖削

学习单元 2　电路焊接工具的使用

一、电烙铁及使用

电烙铁是电子产品装配最重要的手工焊接工具，适用于产品的试制、小批量的产品加工等场合。电烙铁的种类主要有外热式电烙铁和内热式电烙铁。

1. 外热式电烙铁

外热式电烙铁的烙铁芯安装在烙铁头外面，由外向内加热，其特点是升温慢、可通过改变烙铁头的长度控制温度，一般功率较大，适合焊接大型的元器件，如图 2－18 所示。外热式电烙铁常用的规格有 25 W、30 W、45 W、75 W、100 W 等，功率越大烙铁头的温度也就越高 。

2. 内热式电烙铁

内热式电烙铁的烙铁头包在烙铁芯的外面，即烙铁芯在烙铁头的里面，所以热效率比较高，内热式电烙铁结构示意图如图 2－19 所示。内热式电烙铁由于其体积小、重量轻、发热快、耗电少、使用灵活等特点，被广泛应用于小型电子元器件组成的印制电路板的焊接。内热式电烙铁的常用规格有 20 W、25 W、30 W、35 W、50 W 等。

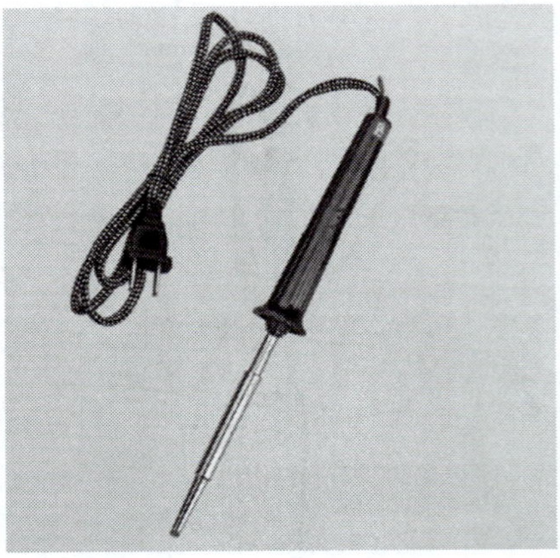

图2－18　外热式电烙铁

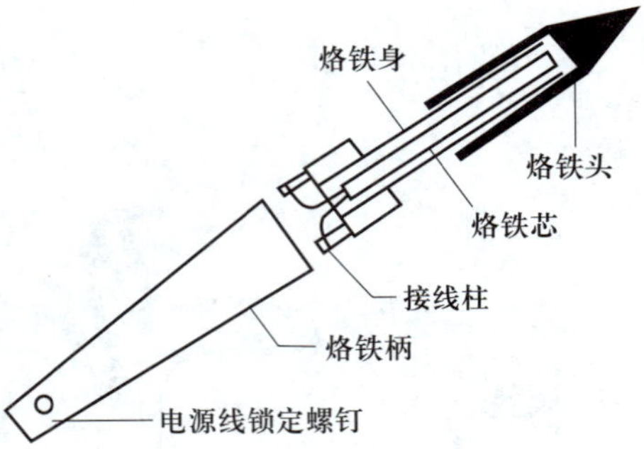

图2－19　内热式电烙铁结构示意图

二、焊锡丝的使用

焊锡丝是具有一定长度与直径的锡合金丝，在电子元器件的焊接中可与电烙铁或激光配合使用，焊锡丝熔化后作为金属填充物加到电子元器件的表面和缝隙中，用于固定电子元器件，如图2－20所示。

图2－20　焊锡丝

小贴士

焊锡产生的烟尘对呼吸道和肺影响比较大。如果吸入锡的氧化物，会对呼吸道产生机械性刺激，长期反复接触，可能对肺造成损伤，导致锡尘肺。所以必须在通风环境下作业，如长期在同一地方作业则最好安装排气扇。

三、助焊剂的作用

助焊剂在焊接工艺中，具有清洗和去除氧化膜、防止焊盘和焊点氧化、减小液态焊锡表面张力的作用。助焊剂通常是以松香为主要成分的混合物，是保证焊接过程顺利进行的辅助材料。

四、吸锡器及其使用

吸锡器是一种修理电器用的工具，可用于收集拆卸焊盘电子元件时熔化的焊锡。有手动、电动两种。

1. 手动吸锡器的使用

手动吸锡器如图 2 - 21 所示，使用方法如下：①先把吸锡器活塞向下压至卡住；②用电烙铁加热焊点至焊料熔化；③移开电烙铁的同时，迅速把吸锡器吸嘴贴在焊点上，并按动吸锡器按钮；④一次吸不干净，可重复操作。

2. 电动吸锡器的使用

电动吸锡器如图 2 - 22 所示，使用方法如下：①电动吸锡器接通电源，根据工作需要设置温度；②将吸咀对准被清除物部分；③扳动按钮除去焊锡；④一次吸不干净，可重复操作多次。

图 2 - 21　手动吸锡器

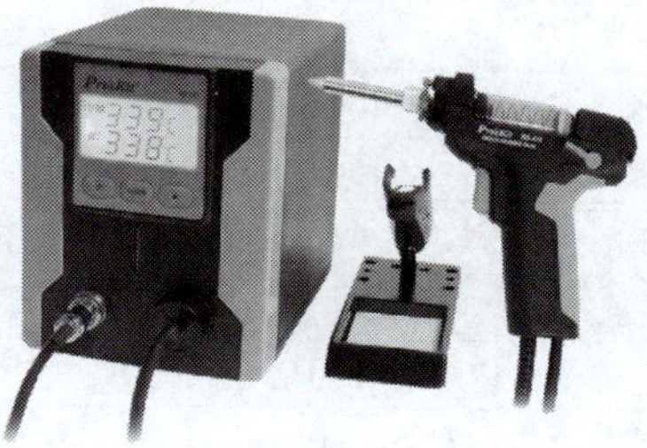

图 2 - 22　电动吸锡器

操作技能

焊接 RFID 读写器电路

一、操作准备

1. 准备电烙铁、焊锡丝、助焊剂、吸锡器等焊接工具，烙铁头做好清洁和上锡。

2. 准备 RFID 读写器天线电路板、主控电路板和元器件。

3. 被焊件引脚表面要清除氧化层及污物，进行预上焊锡。

二、操作步骤

1. 检查元器件

根据元器件清单（见表 2－3）检查元器件，核对数量。

表 2－3　元器件清单

天线电路板元器件清单			
名称	型号或参数	标号	数量
电阻	1k	R10	1
电阻	820	R9	1
电容	103	E2	1
电容	104	C4，C5	2
电容	68 nF	C3，C14	2
射频读写芯片	FM1702SL	FM1702SL	1
晶振	13.56 MHz	Y1	1
电容	22p	C1，C2	2
排针	排针	P1	1
电解电容	100 μF/16 V	E1	1
电容	180p	C9	1
电容	15p	C6，C13	2
电感	1 μH	L1，L2	2
电容	130p	C8，C11	2
电容	150p	C10	1
主控电路板元器件清单			
名称	**型号或参数**	**标号**	**数量**
电容	100 μF	C1	1
开关	SW-PB	S1	1
电容	104	C2，C3，C6	3
发光二极管	绿灯	L1	1
电阻	1k	R1，R10，R11，R12，R13，R14，R16，R17	8
电容	105	C4，C5，C7，C8，C9，C10	6
驱动器/接收器	MAX232E	U3	1
电阻	390	R2，R3，R4，R5，R6，R7，R8，R9，R19，R20，R21，R22，R23，R24	14
电阻	10k	R15，R18，R27，R28，R29，R30	6
单片机	单片机	U4	1
发光二极管	绿灯	L3	1
数码管	6 位数码管	U2	1
发光二极管	红灯	L2	1

续表

主控电路板元器件清单			
名称	型号或参数	标号	数量
三极管	8550	Q7	1
晶振	18.432 MHz	Y1	1
电容	22p	C11，C12	2
三极管	9012	VT1，VT2，VT3，VT4，VT5，VT6	6
三态收发器	74HC245	U1	1
二极管	贴片二极管	D1	1
蜂鸣器	蜂鸣器	B1	1
插座	插座	P1	1
插头	插头	P2	10
排座	排座	J1	1

2. 焊接电路

根据 RFID 读写器天线电路板和主控电路板电路原理图和元器件位置图（见图 2－23、图 2－24、图 2－26、图 2－27），采用五步焊接法焊接天线电路板、主控电路板，如图 2－25 和图 2－28 所示。元器件焊接一般按照先难后易，先低后高，先贴片后插装的顺序进行。

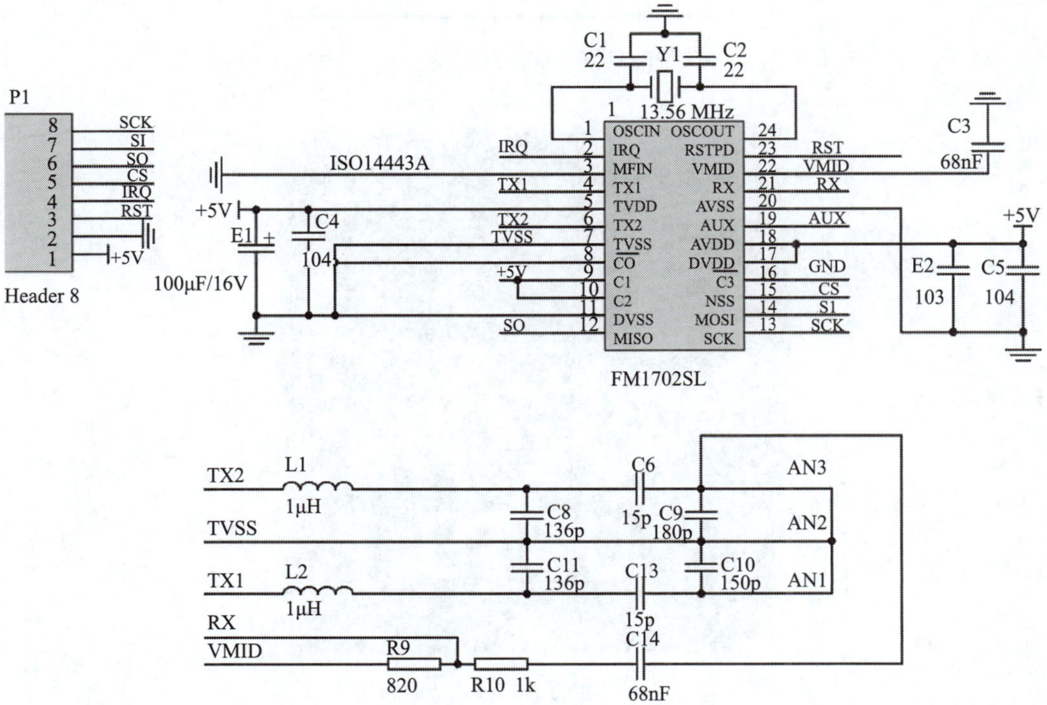

图 2－23　RFID 读写器天线电路板电路原理图

手工焊接贴片元件的方法：①在焊盘上涂上一层助焊剂，再用电烙铁往焊盘上上一层焊锡；②把元件对准焊盘放置并用焊锡固定好对角；③在元件的一边用电烙铁向垂直引脚出现方向较缓滑过，同时稍用力下压元件；④使用同样方法焊接对边。

手工焊接直插元件可以采用五步焊接法（见后文“相关链接”），注意要将引脚尽量插到底。

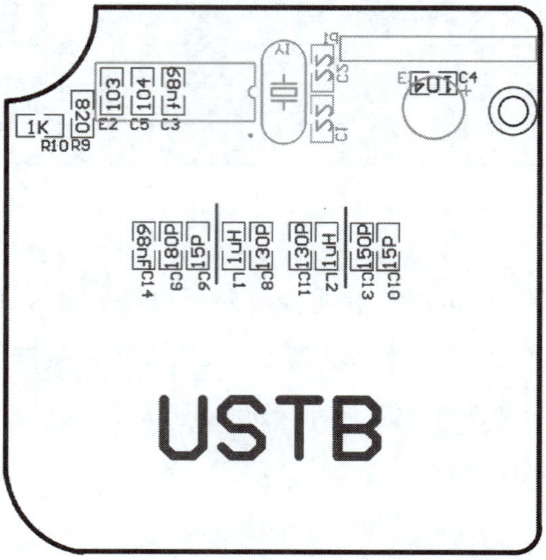

图 2－24　RFID 读写器天线电路板元器件位置图

图 2－25　RFID 读写器天线电路板

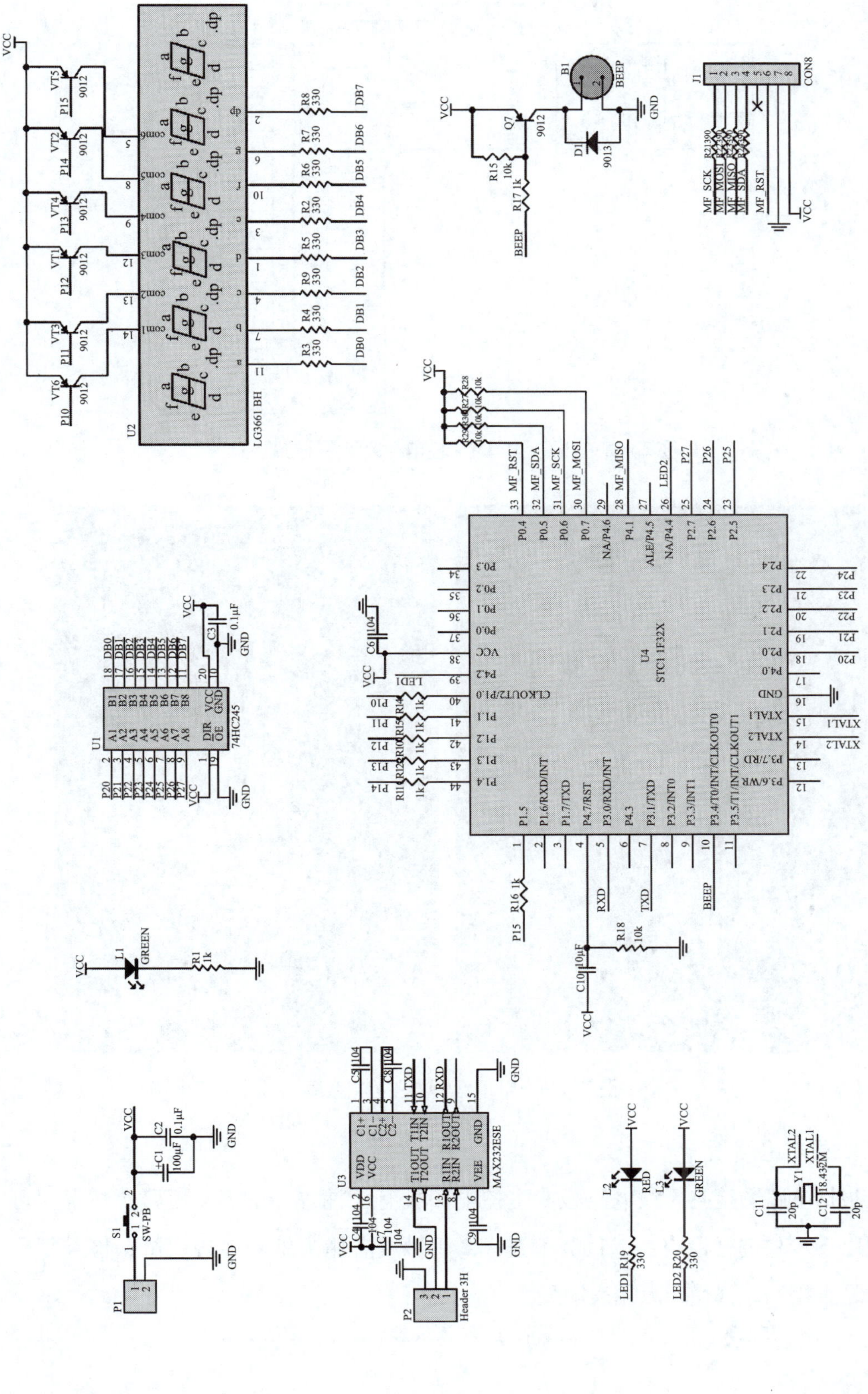

图 2-26 RFID 读写器主控电路板电路原理图

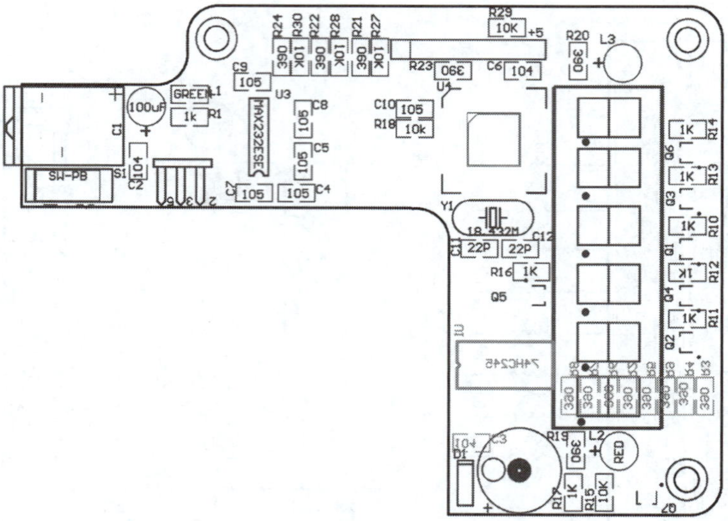

图 2－27　RFID 读写器主控电路板元器件位置图

图 2－28　RFID 读写器主控电路板

3. 检查电路板

根据电路图检查天线电路板、主控电路板有无漏焊、虚焊、短路等情况。可按照以下步骤进行检查：①目测检查；②手触或者用尖细物触碰引脚，检查每个引脚是否松动；③使用万用表测量。

相关链接

焊点焊接与检查

1. 五步焊接法（见图 2－29）

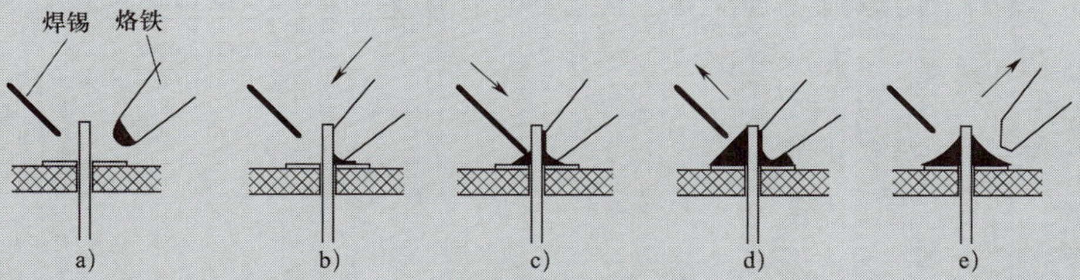

图 2－29 五步焊接法操作图

a）准备焊接 b）加热被焊件 c）熔化焊料 d）移开焊料 e）移开电烙铁

（1）准备焊接

放置好被焊件，一只手拿焊锡丝，另一只手拿电烙铁，准备焊接。

（2）加热被焊件

将预上锡的电烙铁放在被焊点上，使被焊件的温度上升。

（3）熔化焊料

将焊锡丝放到被焊件上，使焊锡丝熔化并浸湿焊点。

（4）移开焊料

当熔化一定量的焊锡后，要及时移开焊锡丝。

（5）移开电烙铁

当焊锡完全润湿焊点后移开电烙铁。

2. 焊接的操作要领

（1）焊剂的用量要合适。

（2）焊接的温度和时间要掌握好。

（3）焊料的施加应视焊点的大小而定。

（4）焊接时要扶稳被焊物。

（5）焊点重焊时必须注意本次加入的焊料要与上次的焊料相同，熔化后才能移开焊点。

（6）烙铁头要保持清洁。

（7）焊接时烙铁头与引线、印制电路板的铜箔之间的接触位置要合适。

（8）撤离电烙铁时要掌握好撤离方向，并带走多余的焊料，从而控制焊点的形成。

（9）焊接结束后应将焊点周围的焊剂清洗干净，并检查电路中有无漏焊、错焊、虚焊等现象。

3. 目视检查

（1）是否有漏焊，漏焊是指应该焊接的焊点没有焊上。

（2）焊点的光泽好不好。

（3）焊点的焊料足不足。

（4）焊点周围是否有残留的焊剂。

（5）焊盘与印制导线是否有桥接。

（6）焊盘有没有脱落。

（7）焊点有没有裂纹。

（8）焊点是不是凹凸不平。

（9）焊点是否有拉尖的现象。

4. 手触检查

用手触摸被焊元器件，检查元器件是否有松动的感觉和焊接不牢的现象。

学习单元3　常用测量工具、仪表的使用

一、低压验电器的使用

低压验电器又称试电笔，简称电笔，是一种常用的电工工具，如图 2－30 所示。它可以用来判断家庭照明电路中的零线和火线，也可以用来判断家用电器是否存在漏电现象。试电笔主要由兼作旋具用的触头、氖管、降压电阻和笔帽等

组成。

当测试带电体时，工作人员应让试电笔的金属触头接触带电体，同时用手碰触试电笔尾端的金属片，如果带电体有电流通过且电路通畅，则试电笔的氖管发光。

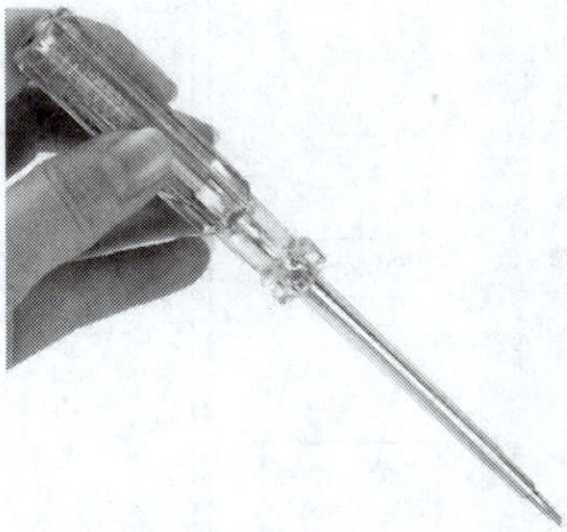

图2-30 低压验电器

二、万用表的使用

万用表是一种多功能、多量程的测量仪表。万用表最基本的功能包括电阻的测量，直流、交流电压的测量，直流、交流电流的测量，有的还可以进行二极管的测量、三极管的测量、温度的测量、频率的测量等。万用表分为指针式和数字式，下面以数字式万用表为例介绍其使用方法，DT9250A 数字万用表的面板如图2-31 所示。Ω：电阻挡，V～：交流电压挡，V－：直流电压挡，A－：直流电流挡，A～：交流电流挡，hFE：三极管β测量，→⊢•》：二极管测量、短路测量，F：电容挡。

使用方法。

1. 短路检查

将转换开关旋至测量→⊢•》挡，将红表笔插入“VΩ”插孔，黑表笔插入“COM”插孔。用两表笔的另一端分别接被测两点，若此两点短路，则万用表的蜂鸣器发出声响。

2. 二极管检查

将转换开关旋至→⊢•》挡，表笔位置同上，两支表笔的前端分别接二极管的两极，然后颠倒表笔再测一次。如果两次测量的结果是一次显示“1”，另一次显示零点几的数字。那么此二极管就是功能正常的二极管。

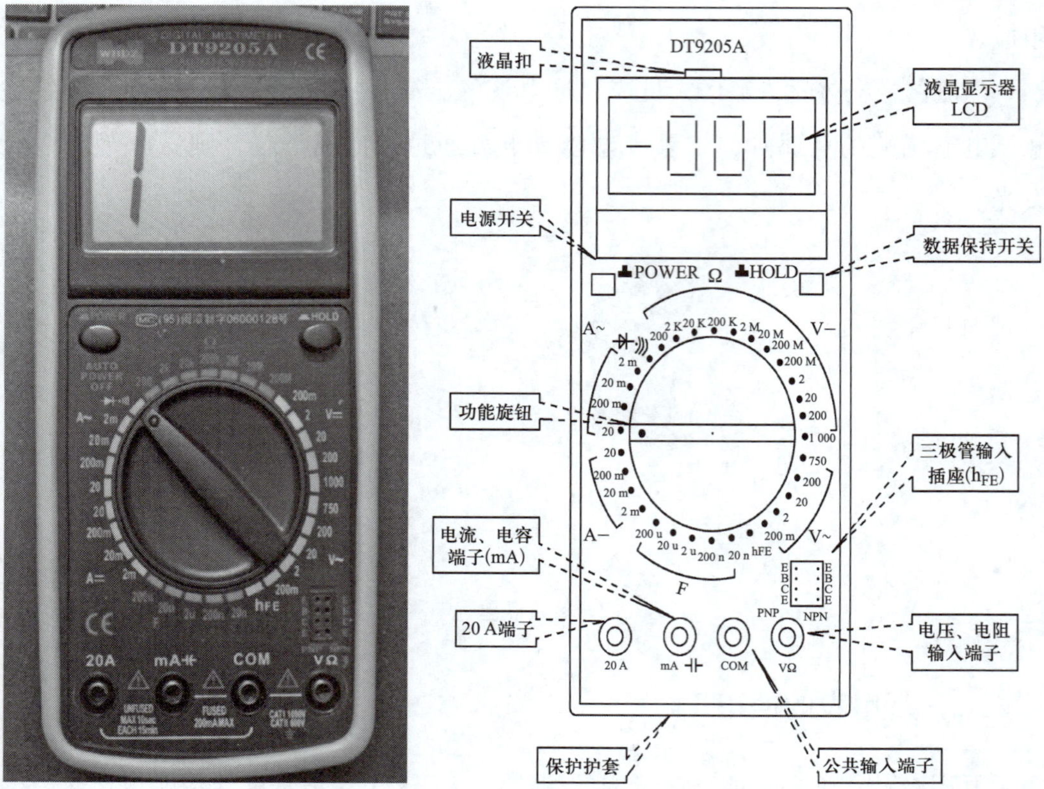

图 2－31　DT9205A 数字万用表的面板

3. **测量电阻/电压/电容**

表笔位置同上，转换开关分别旋至“Ω”“V－”“V～”“F”量程适当挡位，分别用红黑表笔接到被测部位，读出显示屏上的数据。

4. **测量电流**

黑表笔插入“COM”插孔，红表笔插入“mA”或者“20 A”插孔，转换开关旋至“A～”或“A－”挡，并选择合适的量程，断开被测线路，将数字万用表串联入被测线路中，接通电路，读出显示屏上的数据。

5. **测定三极管 h_{FE} 值**

将万用表转换开关旋至 h_{FE} 挡，判断三极管管型和基极，根据管型和基极将三极管插入相应插孔，判断集电极和发射极并读出放大倍数。

三、兆欧表及使用

兆欧表俗称摇表，是一种主要用来测量电气设备绝缘电阻的便携式仪表，一般的兆欧表主要由手摇直流发电机、磁电系比率表和测量线路组成。手摇兆欧表的结构如图 2－32 所示。

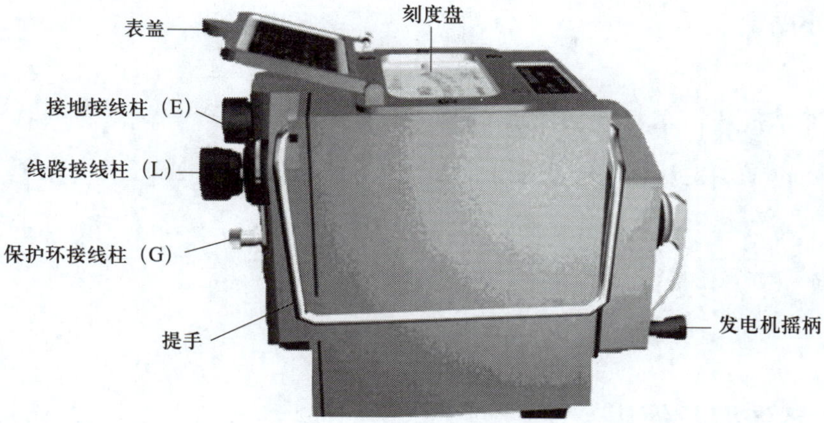

图2－32　手摇兆欧表的结构

使用兆欧表测量线缆的绝缘性能的方法如下。

1. 检查兆欧表

兆欧表平稳放置，检查兆欧表外观是否良好，并做开路试验和短路试验。

2. 正确接线

将兆欧表接线柱 E 接电缆外壳，接线柱 G 接电缆的绝缘层上，接线柱 L 接电缆线芯，如图 2－33 所示。

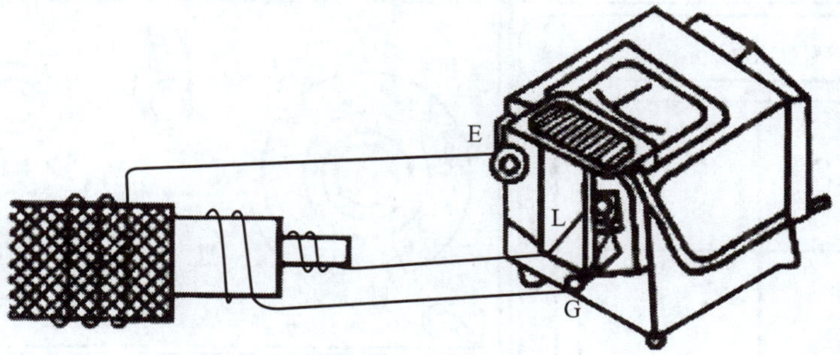

图2－33　测量电缆绝缘电阻

3. 摇表读数

由慢渐快摇动手柄，若指针指在0位上，表明被测电缆绝缘短路，应停止摇动摇表。否则应将手柄摇到约 120 r/min，一分钟后读数。

4. 撤线后停表

在测量有电容的设备或线路绝缘电阻时，应先将接线柱 L 的连线断开后，再减速停止转动，以防被测设备向兆欧表反充电而损坏仪表。

5. 兆欧表测试完毕后对线缆进行一次放电。

小贴士

开路试验：在兆欧表未接通被测设备之前，摇动手柄使发电机达到120 r/min的额定转速，观察指针是否指在标度尺“∞”的位置。

短路试验：将接线柱L和E短接，瞬间摇动手柄，观察指针是否指在标度尺“0”位置。

四、示波器及使用

示波器是一种把电信号变成人眼能直接观察的图形的电子显示仪器。光点在荧光屏上Y轴的移动距离与输入电压的瞬时值成正比；光点在X轴的移动距离与时间成正比，这两种运动的合成结果，就使输入电压信号显示在荧光屏上，人们就可以利用示波器对信号的波形、幅度、频率、相位等进行观察和测量。

示波器的种类很多，使用方法类似，实验室中常用的为单踪通用示波器或双踪示波器。下面介绍SR－8双踪示波器（见图2－34）的面板控制功能及使用方法。

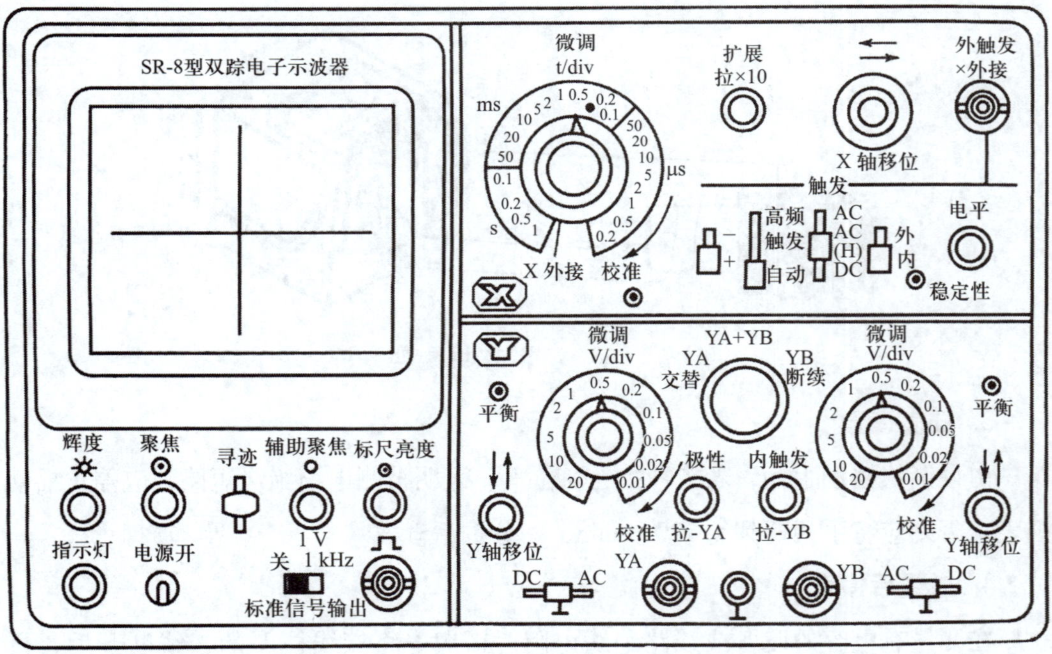

图2－34　SR－8双踪示波器

示波器的使用方法如下。

1. 开机前，按要求对示波器进行初始调整。

2. 开启电源，在荧光屏上应看到扫描亮线。如看不到扫描亮线，可按下“寻迹”按键，根据光迹所在位置，调节Y轴与X轴“位移”旋钮，使亮线位于示波器荧光屏的中间位置。

3. 根据被测信号的性质、大小和频率范围，将扫描速度选择开关“t/div”、输入衰减开关“V/div”、Y轴输入耦合选择开关“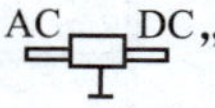

”和显示方式开关等置于正确位置，由YA或YB轴输入插座输入被测信号，调节“电平”旋钮，即可在荧光屏上观察到稳定的信号波形。

培训课程 3

使用物联网标识

学习单元 1　物联网标识概述

一、物联网标识的概念

在物联网中，为了实现人与物、物与物的通信以及各类应用，需要利用标识来对人和物等对象、终端和设备等网络节点以及各类业务应用进行识别，并通过标识解析与寻址等技术进行翻译、映射和转换，以获取相应的地址或关联信息。

物联网标识用于在一定范围内唯一识别物联网中的物理和逻辑实体、资源、服务，使网络、应用能够基于其对目标对象进行控制和管理，并进行相关信息的获取、处理、传送与交换。

物联网标识解析是指将物联网对象标识映射至通信标识、应用标识的过程。例如，通过对某物品的标识进行解析可获得存储其关联信息的服务器地址。

物联网标识管理主要用于实现标识的申请与分配、注册与鉴权、生命周期管理、业务与使用、信息管理等，对于在一定范围内确保标识的唯一性、有效性和一致性具有重要意义。依据实时性要求的不同，标识管理可以分为离线管理和在线管理两类。标识的离线管理指对标识管理相关功能（如标识的申请与分配、标识信息的存储等）采用离线方式操作，为标识的使用提供前提和基础。标识的在线管理是指标识管理相关功能采用在线方式操作，并且通过与标识解析、标识应用的对接，操作结果可以实时反馈到标识使用相关环节。

二、物联网标识的类型

基于识别目标、应用场景、技术特点等不同，物联网标识可以分为对象标识、通信标识和应用标识三类。

1. 对象标识

对象标识主要用于识别物联网中被感知的物理或逻辑对象，例如人、动物等。该类标识的应用场景通常为基于其进行相关对象信息的获取或者对标识对象进行控制与管理，而不直接用于网络层通信或寻址。

对象标识可分为自然属性标识和赋予性标识。自然属性标识是指利用对象本身所具有的自然属性作为识别标识，包括生理特征和行为特征，该类标识需利用生物识别技术，通过相应的识别设备对其进行读取。赋予性标识是指为了识别方便而人为分配的标识，通常由一系列数字、字符、符号或任何其他形式的数据按照一定编码规则组成，这类标识的形式可以为：以一维条码作为载体的 EAN 码、UPC 码，以二维码作为载体的数字、文字、符号，以 RFID 标签作为载体的 EPC、uCode、OID 等。网络可通过多种方式获取赋予性标识，如通过标签阅读器读取存储于标签中的物体标识，通过摄像头捕获车牌等标识信息。

2. 通信标识

通信标识主要用于识别物联网中具备通信能力的网络节点，例如手机、读写器、传感器等物联网终端节点以及业务平台、数据库等网络设备节点。这类标识的形式可以为 IP 地址等。通信标识可以作为相对或绝对地址用于通信或寻址，用于建立到通信节点连接。对于具备通信能力的对象，例如物联网终端，可既具有对象标识也具有通信标识，但两者的应用场景和目的不同。

3. 应用标识

应用标识主要用于对物联网中的业务应用进行识别，例如医疗服务、金融服务、农业技术应用等。在标识形式上可以为域名、URI 等。

三、物联网标识的选型

市场上物联网标识的种类繁多，广泛应用于物流、制造业、医疗卫生、安全防伪等各个领域。

尽管识别技术有多种选择，但是兼顾成本、技术成熟度以及服装、仓储和自身设备的实际特点，以二维条码和无线射频识别（radio frequency identification，RFID）为首选。二维条码虽然具有信息容量大、成本低、易制作、可用多种阅读设备阅读等特点，但 RFID 技术具有条形码所不具备的防水、防磁、耐高温、使用寿命长、存储数据容量更大、存储信息更改自如等优点，在物品管理中更具优势。

目前 RFID 使用的频率跨越低频（low frequency，LF）、高频（high frequency，HF）、超高频（ultra high frequency，UHF）、微波等多个频段。RFID 频率的选择影响信号传输的距离、速度等，同时还受到各国法律法规限制。针对不同类型项目中的应用，这里主要选择超高频（UHF）射频标签。

贴纸式 RFID 标签（见图 2－35）一般由面层、芯片与天线电路层、胶层与底层组成。贴纸式 RFID 标签价格便宜，具有可粘贴功能，能够直接粘贴在被标识的物体上，面层往往可以打印文字，通常被应用于工厂包装箱标签、资产标签、服装和物品的吊牌等。

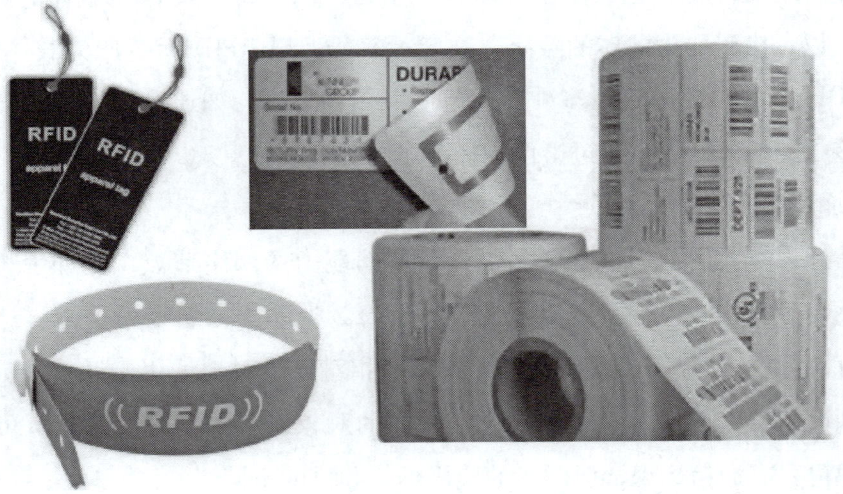

图 2－35　贴纸式 RFID 标签

塑料封装 RFID 标签（见图 2－36）采用特定的工艺与塑料基材（ABS、PVC 等），将芯片与天线封装成不同外形的标签。封装 RFID 标签的塑料可以采用不同的颜色，封装材料一般都耐高温。

玻璃封装 RFID 标签（见图 2－37）将芯片与天线封装在不同形状的玻璃容器内，形成玻璃封装的 RFID 标签。玻璃封装 RFID 标签可以植入动物体内，用于动物的识别与跟踪以及珍贵宠物的管理等，也可用于枪械、头盔、酒瓶、模具、珠宝或钥匙链的标识。

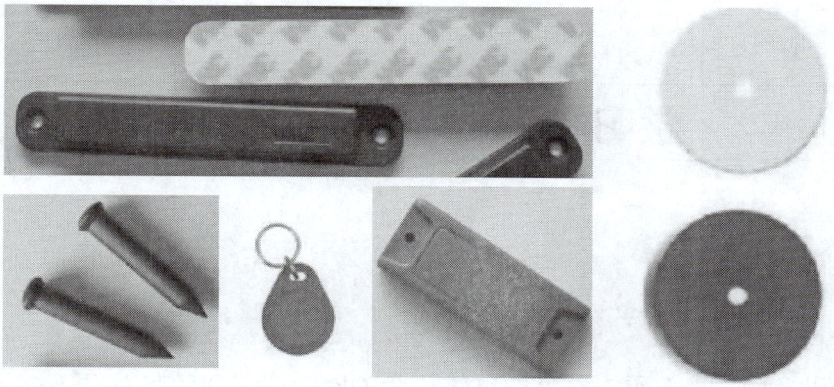

图 2－36 塑料封装 RFID 标签

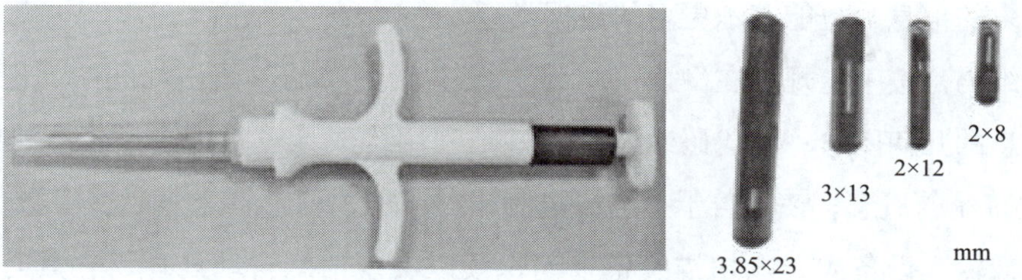

图 2－37 玻璃封装 RFID 标签

抗金属 RFID 标签（见图 2－38）就是在 RFID 电子标签的基础上加了一层抗金属材料，这层材料可以避免标签贴在金属物体上失效的情况发生，抗金属材料是一种特殊的防磁性吸波材料，从技术上解决了电子标签不能附着于金属表面使用的难题。抗金属 RFID 标签可防水、防酸、防碱、防碰撞，可在户外使用。

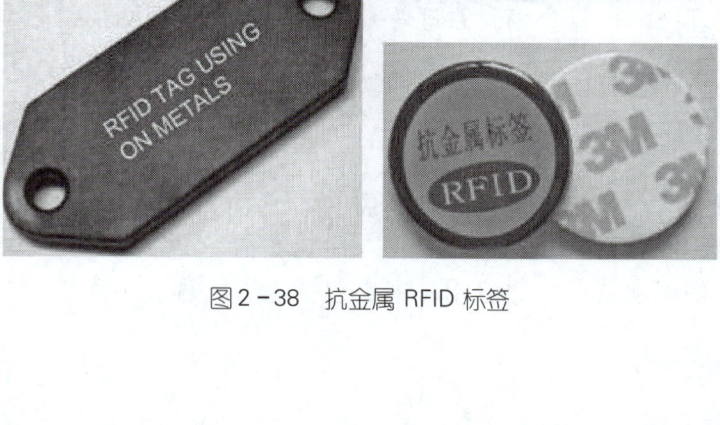

图 2－38 抗金属 RFID 标签

学习单元2　制作二维码

一、二维码的概述

二维码又称二维条码，常见的二维码为 QR Code（QR 为 quick response 的缩写），是近年来移动设备上较流行的一种编码方式，它比传统的 Bar Code 条形码能储存更多的信息，也能表示更多的数据类型。

二维码是按一定规律在平面（二维方向上）分布的、黑白相间的、记录数据符号信息的几何图形；在代码编制上巧妙地利用构成计算机内部逻辑基础的“0”“1”比特流的概念，使用若干个与二进制相对应的几何形体来表示文字数值信息，通过图像输入设备或光电扫描设备自动识读以实现信息自动处理。它具有条码技术的一些共性，如每种码制有其特定的字符集，每个字符占有一定的宽度，具有一定的校验功能等，同时还具有对不同行的信息进行自动识别的功能及处理图形旋转变化等特点。

二、二维码的分类

二维码可分为堆叠式/行排式二维码和矩阵式二维码（又称棋盘式二维码），其中，堆叠式/行排式二维码形态上是多行短截的一维码的堆叠；矩阵式二维码以矩阵的形式组成，矩阵式二维码是在一个矩形空间内通过黑、白像素在矩阵中的不同分布进行编码，在矩阵相应元素位置上用“点”表示二进制“1”，用“空”表示二进制“0”，并由“点”和“空”的排列组成代码。矩阵式二维码是建立在计算机图像处理技术、组合编码原理等基础上的一种新型图形符号自动识读处理码制。具有代表性的矩阵式二维码有：Code One、Maxi Code、QR Code、Data Matrix等。

三、二维码在物联网技术中的应用

二维码在物流领域有广泛应用，主要包括入库管理、出库管理、仓库内部管理和货物配送管理等方面。当商品入库时，通过读取商品上的二维条码标签就能录入与此商品相关的信息并存入数据库以便管理，节省录入时间。当商品出库时，同样通过扫描二维码标签对出库商品信息进行确认并同步更改库存状态以及数据库信息。在库存管理中二维码既可以作为存货盘点的重要依据也可以用于出库备货。在进行物流配送前可通过二维码的录入将要配送商品的相关信息、客户订单详情等下载到移动设备中，当货物送到时可以根据移动终端中的信息对配送货品进行核实和检验。

操作技能

二维码的制作

一、操作准备

准备计算机。

二、操作步骤

1. 打开搜索引擎，输入在线二维码生成器进行搜索（这里以二维彩虹在线生成器为例），如图 2－39 和图 2－40 所示。

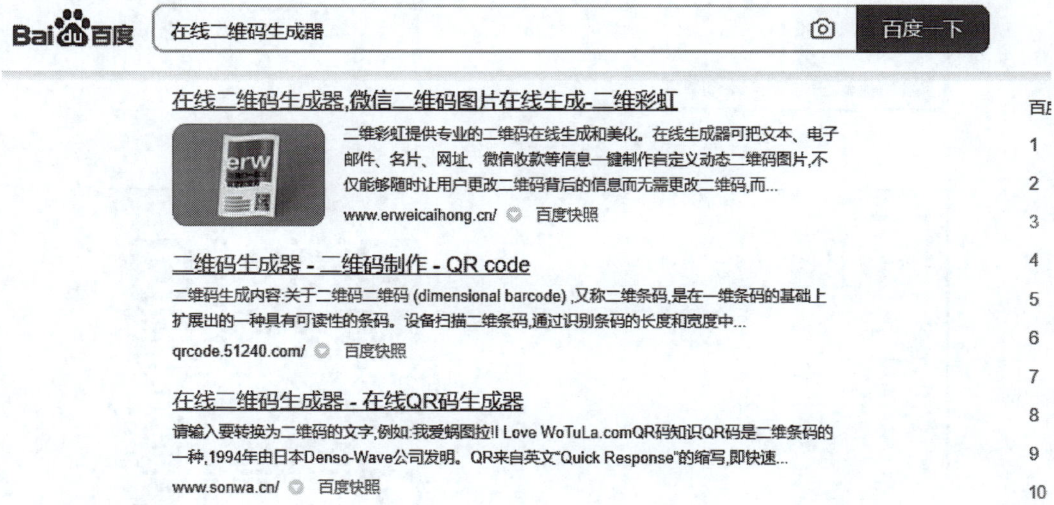

图2－39　搜索在线二维码生成器

图 2－40　在线二维码生成器网页

2. 选择想要生成的二维码类型，如图 2－41 所示。

图 2－41　选择二维码类型

3. 填入二维码信息、点击生成二维码并选择二维码样式，如图 2－42 和图 2－43 所示。

图 2－42　填写二维码信息

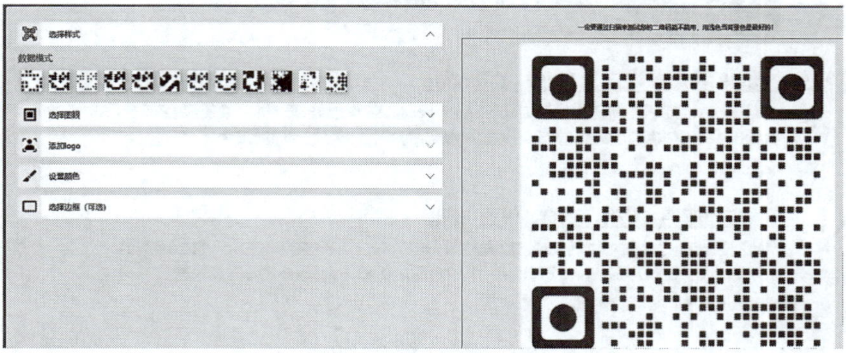

图 2－43　选择二维码样式

4. 设计好二维码样式后，点击右下角“下载”按钮，二维码生成完毕，如图2-44 和图2-45 所示。

注意：微信不支持扫描静态二维码，需要制作活码。

图2-44 生成二维码

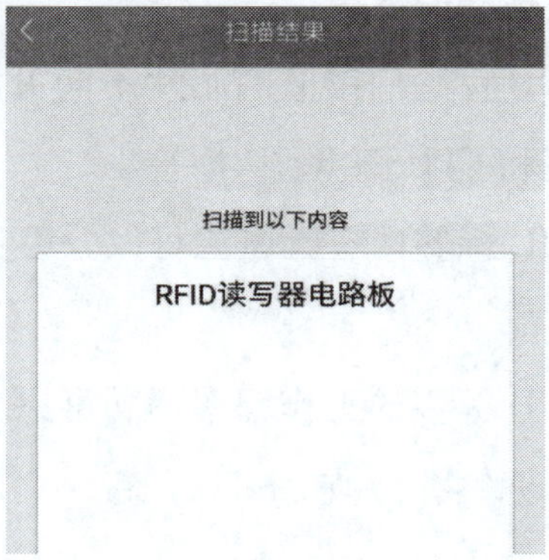

图2-45 二维码扫描结果

学习单元3 RFID 标签的使用

RFID 系统是一种非接触式的自动识别技术，由 RFID 标签、读写器和数据管理系统等部分组成。RFID 标签通过射频信号向读写器传输数据，读写器可将数据管理系统的读写等命令传送到 RFID 标签，也可将 RFID 标签返回的数据传送到数据管理系统，数据管理系统负责完成数据信息的存储、管理和控制。

一、RFID 标签的定义和分类

1. RFID 标签的定义

RFID 标签是数据信息的载体，通常由耦合元件（天线）及微电子芯片组成，芯片用来存储数据，天线用来收发无线电波，具有以下功能。

（1）具有一定的存储容量，可以存储被识别物体的相关信息。

（2）可以维持被识别物品信息的完整性，并随时将信息传输给读写器。

（3）具有确定的使用年限，使用期内不需要维修。

（4）对接收到的信号和需要返回给读写器的信号进行解调、解码等处理。

（5）收集读写器发射到空间的电磁波，并把自身的数据信号以电磁波的形式发射出去。

2. RFID 标签的分类

根据 RFID 标签内镶嵌的芯片不同可以分为：存储器型 RFID 标签、逻辑加密型 RFID 标签和 CPU 型 RFID 标签。

根据 RFID 标签内有无电源可以分为：有源 RFID 标签、无源 RFID 标签和半有源 RFID 标签。

根据 RFID 标签的工作频率不同可以分为：低频 RFID 标签、高频 RFID 标签、超高频 RFID 标签和微波 RFID 标签。

二、RFID 标签的应用

RFID 标签根据工作频率不同，应用场合也不同。

低频 RFID 标签大多在短距离、低成本的系统中应用，如门禁、校园卡、动物标识、货物跟踪等。

高频 RFID 标签用于电子身份识别和需传送大量数据的应用系统中。

超高频 RFID 标签一般应用于读写距离较远和需要高速度读写的场合，如火车监控、高速公路不停车收费等。

微波 RFID 标签应用于微波入侵报警系统、运动探测器、速度传感器、距离监控器，特别是在综合安全或工业控制系统中。

三、物联网标识中信息的读写方法（信息交换流程）

RFID 通过无线射频方式在读写器和 RFID 标签之间进行非接触双向数据传输，以达到目标识别和数据交换的目的。一般工作流程如下。

1. 阅读器通过发射天线发送一定频率的射频信号。

2. 当 RFID 标签进入阅读器天线工作区时，其天线产生足够的感应电流，RFID 标签获得能量被激活。

3. RFID 标签将自身信息通过内置天线发送出去。

4. 阅读器天线接收到从 RFID 标签发送来的载波信号。

5. 阅读器天线将载波信号传送到阅读器。

6. 阅读器对接收到的信号进行解调和解码，然后送到系统高层进行相关处理。

7. 系统高层根据逻辑运算判断该 RFID 标签的合法性。

8. 系统高层针对不同的设定作出相应的处理，发出指令信号控制执行机构动作。

操作技能

RFID 标签信息的读写操作

一、操作准备

准备 RFID 实训套件、计算机、调试软件。

二、操作步骤

1. 将 RFID 读写器天线电路板和主控板通过排插连接，如图 2－46 和图 2－47 所示。

图 2－46　RFID 读写器天线电路板

图 2－47　RFID 读写器主控板

2. 通过 RS232 串口转换线将主控板与计算机连接（需要安装对应串口线驱动）。

3. 下载程序

（1）打开下载软件

，进入下载界面，如图 2－48 所示。

（2）选择芯片型号与程序文件：在 Step1/步骤 1 中的 MCU Type 一栏中选择芯片（单片机）型号，此处为选择 STC11F32XE。

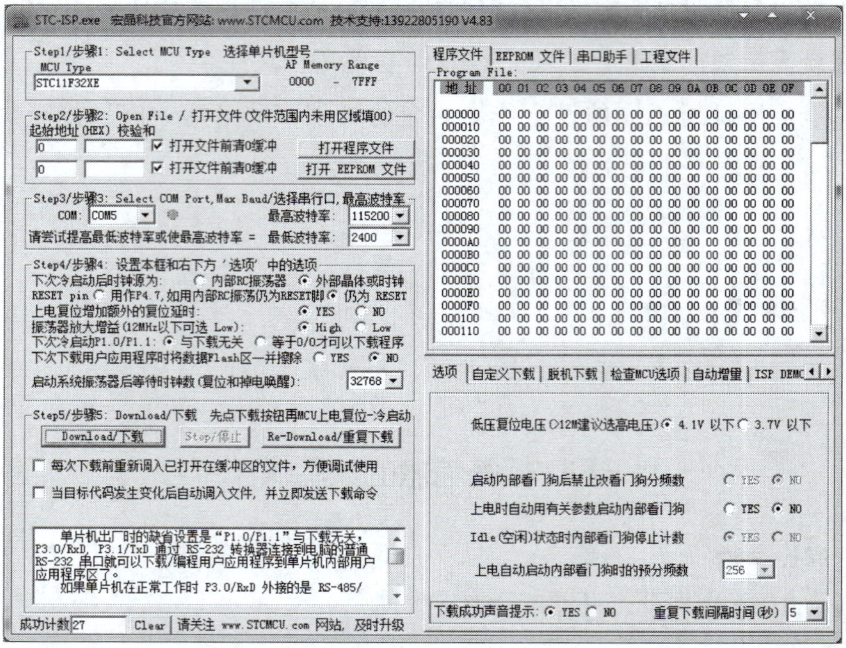

图2-48 下载界面

（3）在 Step2/步骤 2 中点击“打开程序文件”按钮，选择所要运行的程序文件 fm1702SL. hex。

（4）在 Step3/步骤 3 中选择正确的 COM（查看串口的方法是右击“我的电脑”，打开设备管理器，查看串口使用情况即 COMx），并设置波特率，如图 2-49 所示。

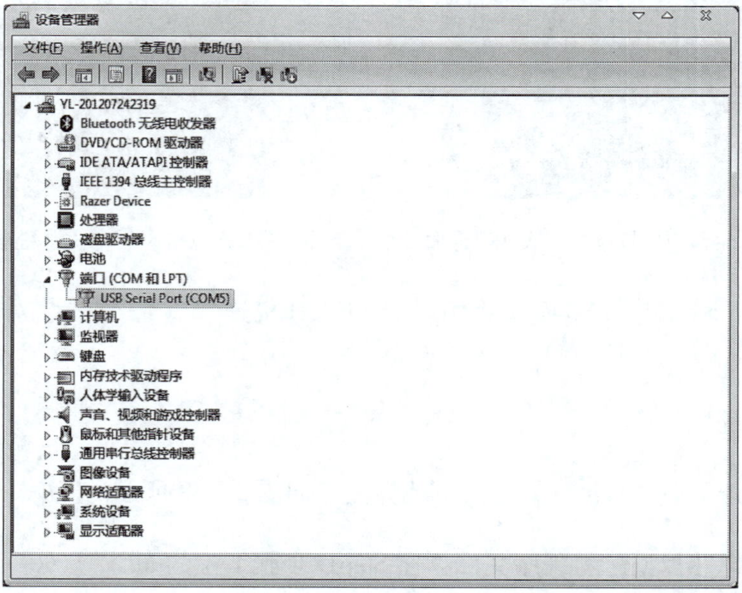

图2-49 串行口查询

（5）在 Step4/步骤 4 中默认设置即可。

（6）在 Step5 中选择下载，当下载进程显示框提示给单片机供电时，给主控板提供电压（3.3 ~5 V），检查主控板上的电源指示灯是否正常，如发光，则说明电源供电正常；如未亮起，则说明电源未供电或者指示灯二极管方向焊反，如图 2 - 50 所示。

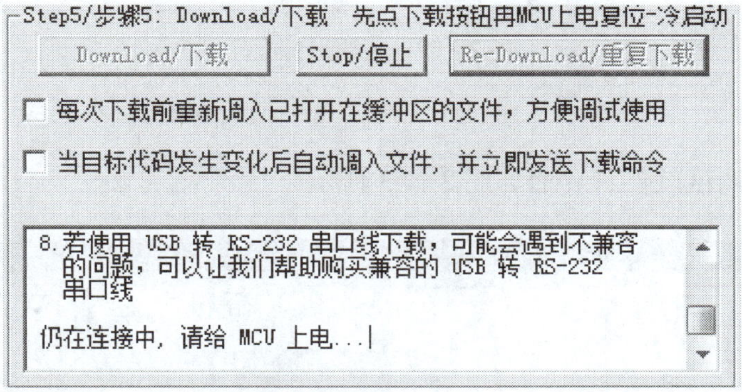

图 2 - 50　供电提示图

（7）下载过程如图 2 - 51 所示。如无法下载，则需重新检查电路板设计与焊接等。下载完成界面如图 2 - 52 所示。

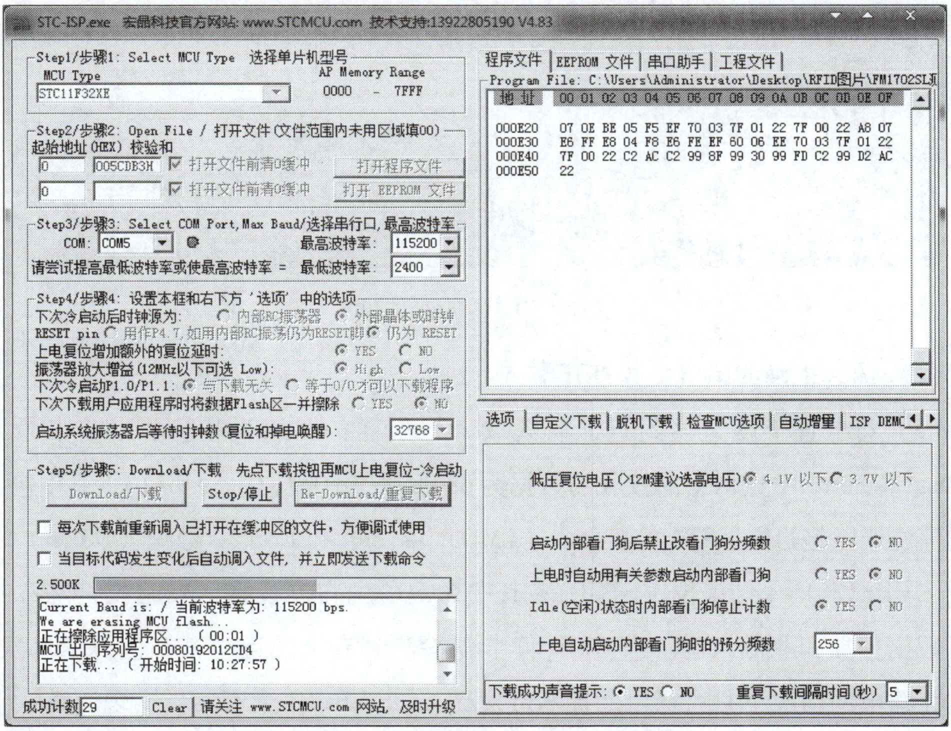

图 2 - 51　下载进度显示图

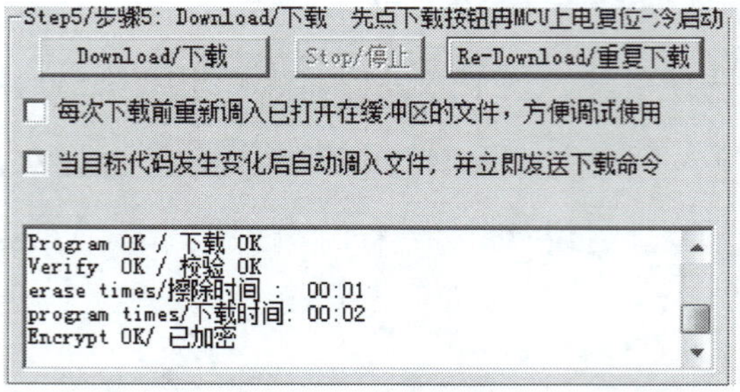

图2-52　下载完成界面

4. 调试

（1）打开调试软件，界面如图2-53所示。

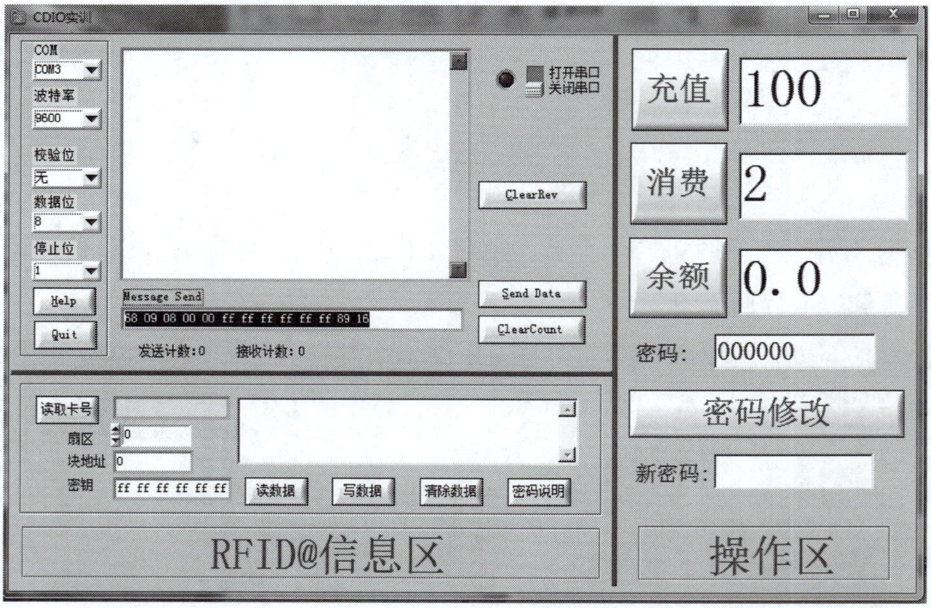

图2-53　调试软件界面

（2）选择正确的串口，并打开串口。

（3）将卡置于读卡器附近，在读取卡号后面的TEXT中显示当前卡号，在Message Receive中显示当前接收的数据为68 08 05 3b 0c 6f 01 59 9b 16，其中包含数据通信协议：起始位（STA）+命令（CMD）+长度（LEN）+数据（DATA）+校验位（CHECK）+结束位（STOP）；其中命令位由自己设定，校验位是除本身外所有数据相加和取低八位。当RFID读卡器检测到有卡临近时，红色提示灯发亮，否则在通电的情况下只有绿色的提示灯发亮。该套RFID读卡器可实现交替读卡功能，如图2-54、图2-55所示。

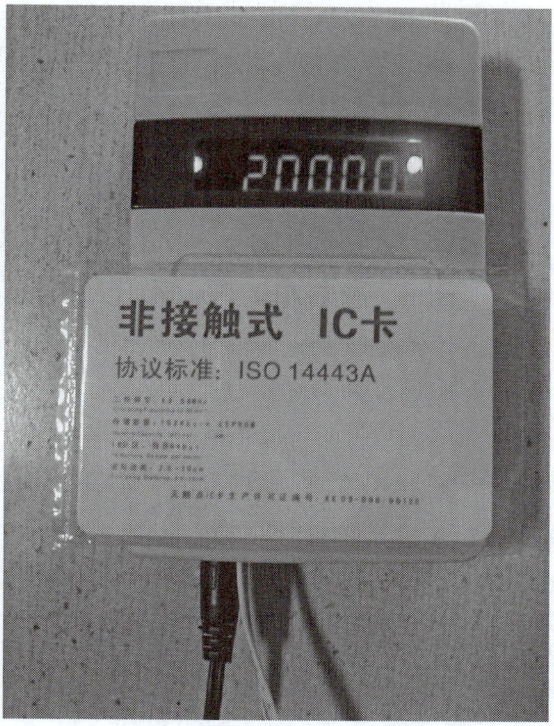

图 2－54　操作 RFID 标签实物图

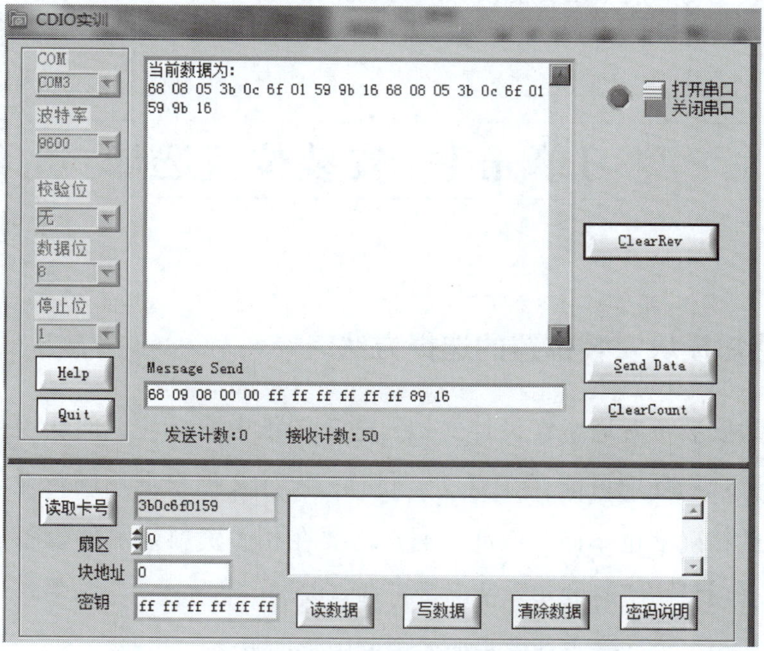

图 2－55　RFID 标签读取界面图

培训课程 4 安装、调试物联网基础功能模块

物联网设备安装部署是物联网工程项目中非常重要且最耗时的工作。规模较大的物联网部署，其基础功能模块可以达到数百或数千台，其中某些传感器终端可能部署在难以触及的或危险的场所，比如收集深层土壤数据的温湿度传感器或者是矿井中采集有毒气体的检测设备。因此，物联网设备的安装位置选择在物联网部署中很重要。

本书依据物联网安装调试员国家职业标准初级的要求，只涉及本地部署控制系统的几种典型物联网基础功能模块的安装和调试。

学习单元 1　安装位置选择

一、感知模块安装位置的选择方法

感知模块安装位置通常在设计文档、施工图纸中有标注，但从项目设计阶段到施工阶段，现场环境可能存在变动。同时，设计文档根据不同行业、不同项目特性，标注的精确度也不同。因此，通常需要在相关资料标注的设备安装位置的基础上，结合项目施工时的实际情况进行选点安装。

感知模块设备安装选点通常需要考虑的因素如下。

1. 国家标准、行业标准与规范规定的设备布设距离、密度等要求。
2. 设计文档中设备测量范围、测量精度对设备安装的要求。

3. 设备厂商提供的设备选点及安装的相关要求。

4. 现场环境（供电、通信、防雷、维护等）的要求。

二、烟雾感知模块的安装位置要求

烟雾感知模块，又称烟感探测器，是通过感知烟雾浓度来探测火灾的报警器。烟雾感知模块可将探测部位烟雾浓度的变化转换为电信号，能对可见或不可见的烟雾粒子产生响应，用于家居、商铺、写字楼仓库、车库等场所。

物联网系统采用的烟雾感知模块，应是具有国家消防强制性产品认证证书的专业火灾探测报警设备，通过 CCC 认证（中国强制性产品认证）。常见烟雾感知模块外形如图 2－56 所示。

图 2－56　常见烟雾感知模块外形

依据《火灾自动报警系统施工及验收标准》（GB 50166—2019）相关要求，依据安装环境合理设置感烟探测器安装位置，几种典型安装场所具体要求见表 2－4。

表 2－4　感烟探测器安装位置要求

安装场所	要求	安装场所	要求
点型感温火灾探测器的安装间距	＜10 m	距电风扇净距	≥1.5 m
点型感烟火灾探测器的安装间距	＜15 m	距不突出的扬声器净距	≥0.1 m
至墙壁、梁边的水平距离	≥0.5 m	距多孔送风顶棚孔口净距	≥0.5 m
至空调送风口最近边水平距离	≥1.5 m	与各种自动喷水灭火喷头净距	≥0.3 m

小贴士

1. 避免把烟感探测器安装在气流速度大、粉尘浓度大、易发生水雾滞留或可能发生无烟火灾的场所。

2. 避免把烟感探测器安装在太接近门口、窗户、风扇等地方。

3. 避免把烟感探测器安装在高潮湿度的地点，例如浴室等。

4. 烟感探测器不要安装在室外。

三、光照度感知模块的安装位置要求

光照度传感器是一种常用的检测装置，是指将光照强度大小转换成电信号的传感器。光照强度简称照度，是一种物理术语，指物体表面单位面积上所接受可见光的光通量，单位为勒克斯（Lux 或 lx）。被光均匀照射的物体，在 1 m^2面积上得到的光通量是 1 lm 时，它的照度是 1 lx。光照度可用照度计直接测量。

光照度传感器采用热电效应原理，采用对弱光性有较高反应的探测部件，这些感应元件类似相机感光矩阵，内部有绕线电镀式多接点热电堆，其表面涂有高吸收率的黑色涂层，热接点在感应面上，冷接点则位于机体内，冷热接点产生温差电势。在线性范围内，输出信号与太阳辐射度成正比。透过滤光片的可见光照射到光敏二极管，光敏二极管根据可见光照度大小转换成电信号，然后电信号会进入传感器的处理器系统，从而输出需要得到的二进制信号。

光照度传感器用于实现对环境光照度的测量，主要应用于温室大棚、农业大田、城市照明、仓库、工业车间等环境。常见光照度感知模块外形如图 2－57 所示。

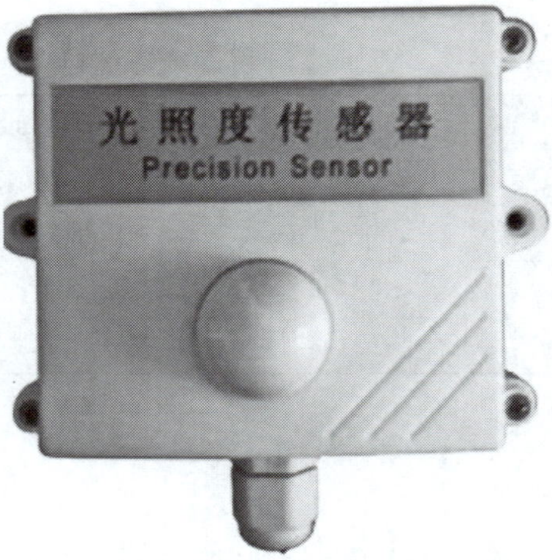

图 2－57　常见光照度感知模块外形

依据不同应用场景，光照度感知模块安装位置的选择，首先应考虑能否令模块准确感知环境光线变化和光照照度，应安装在无光线遮挡、感应面以上没有任何障碍物的地方，确保光照监测准确。

学习单元 2　安装、调试感知模块

一、感知模块概述

感知模块是通过各种方式感受到被测量的信息，并能将感受到的信息按一定规律变换成为电信号或其他所需形式的信息输出的组件。

感知模块可以满足信息的传输、处理、存储、显示、记录和控制等要求。

根据物联网感知技术分类，可将感知模块分为两类：第一类基于射频识别技术，包括 RFID 标签和读写器等；第二类基于传感器技术，包括各种类型的传感器。

二、安装、调试烟雾感知模块

1. 烟雾感知模块的安装方法

目前常见的物联网烟雾感知模块是与内置 ZigBee、NB-IoT 等低功耗无线通信模块相结合的无线烟感报警器，可以将火灾报警信息通过无线方式实时上报到远端监控平台或用户手机 App，方便监控人员及时知晓火灾报警并处理。当有烟雾产生并达到一定浓度时，报警器将发出声光报警信号，提示用户采取相应措施，如图 2－58 所示。

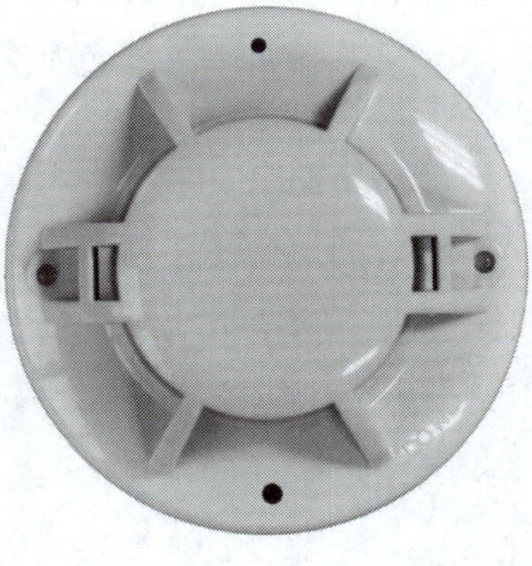

图 2－58　无线烟感报警器示意图

无线烟感报警器使用电池供电，工作电压为 DC 9 V，该类模块没有接线端子，采用打孔或粘贴安装方式，直接吸顶安装在天花板上。保护面积的具体参数以《火灾自动报警系统设计规范》（GB 50116—2013）和《消防设施通用规范》（GB 55036—2022）为准。

无线烟感报警器的安装主要由报警器底座和报警器两部分组成。安装时先将底座安装在房间顶面相应处，安装孔距为 60 mm，再将报警器装上电池，接入底座逆时针旋紧即可，切勿将报警器旋转过头，此行为极易损坏报警器里的防拆部件。烟感报警器的所有参数出厂时就已校准，安装时无须调整。安装示意图如图 2－59 所示。

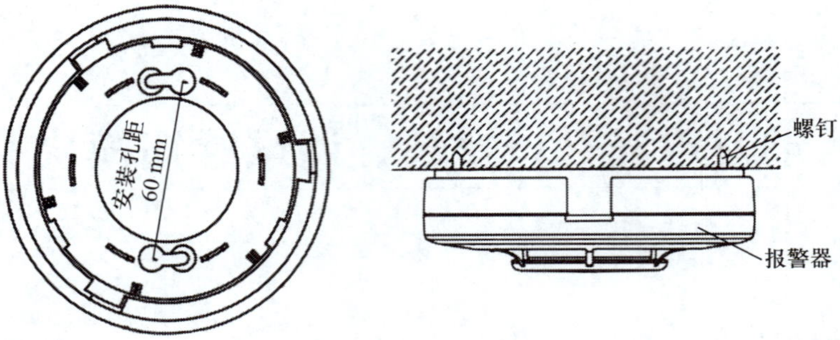

图2－59　无线烟感报警器安装示意图

2. 烟雾感知模块的调试

无线烟感报警器设有测试按钮，按下测试按钮，设备即开始自检，报警器分别发出红、绿、黄光，发出警报声，并立即启动联网。调试过程中，根据指示灯状态，可判断设备运行情况，具体参考产品说明书。

以一款 NB-IoT 智能烟感报警器为例，其 LED 状态指示灯支持三色灯设计，具体设置如下。

检测指示灯——绿色闪烁。

故障指示灯——黄色闪烁。

报警指示灯——红色闪烁并发出报警声。

消音指示灯——绿色常亮，红色闪烁。

小贴士

如何维护与保养无线烟感报警器。

1. 报警器在安装前应妥善保管，并采取相应的防尘、防潮、防腐蚀措施。
2. 报警器每年至少清洁一次，以保证正常运行。
3. 报警器清洁后，应对报警器进行测试，然后重新安装好。
4. 每半年应进行一次模拟火警试验，测试报警器是否正常。

三、安装、调试光照度感知模块

1. 光照度感知模块的安装方法

目前常见物联网光照度感知模块有两种类型，一种是采用 RS485 接口，标准 MODBUS-RTU 协议，可实现多点同时监测、组网并远传，常用于工程组网及工业应用；另一种是与内置 ZigBee、NB-IoT 等低功耗无线通信模块相结合的无线光照度感知模块，需要搭配网关，根据环境光照度变化作为控制条件，联动控制智能联网设备实现多种智能场景，可远程推送提示至手机，常用于智能家居。

（1）RS485 光照度感知模块的安装方法

RS485 光照度感知模块采用对弱光也有较高灵敏度的硅兰光伏探测器作为传感设备，设备供电电压为 DC 12 ~ 24 V，网络输出需加装信号转换器，尤其适用于温室大棚、城市照明等场所，一般选择四周空旷且感应面以上没有任何障碍物的区域安装。

壁挂型 RS485 光照度感知模块安装方式：将传感器调整到水平位置，然后将其牢牢固定，最好将传感器牢固地固定在安装架上。首先在墙面钻孔，然后将膨胀塞放入孔中，再将自攻螺钉旋进膨胀塞中，固定光照度感知模块，操作流程如图 2－60 所示。

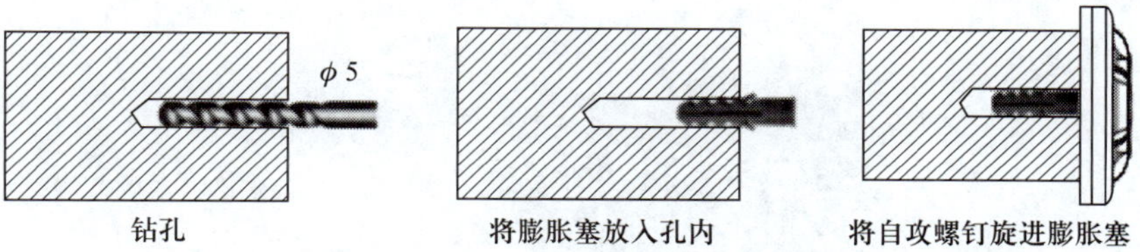

图 2－60　壁挂型 RS485 光照度感知模块安装固定示意图

壁挂型 RS485 光照度感知模块可直接使用设备自带的引线，根据颜色提示进行接线，如图 2－61 所示。

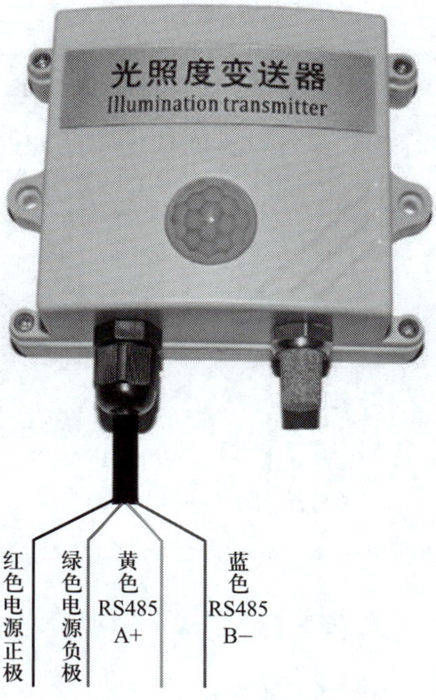

图 2－61　RS485 光照度感知模块接线示意图

RS485 光照度感知模块接线说明见表 2－5。

表 2－5　RS485 光照度感知模块接线说明

线芯颜色	标号	说明
红色	V＋	电源正极
绿色	V－	电源负极
黄色	A＋	RS485 A＋
蓝色	B－	RS485 B－

百叶盒型 RS485 光照度感知模块（见图 2－62）安装方式：一般应用在室外气象站中，可通过托片或折弯板直接安装在气象站横梁上。

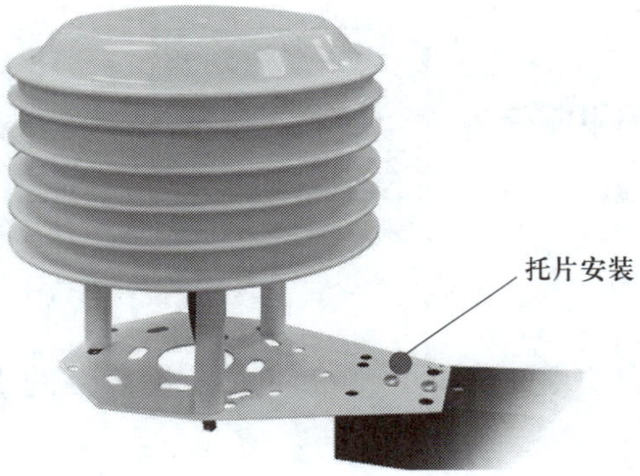

图 2－62　百叶盒型光照度感知模块

注意：宽电压电源输入，DC 12～24 V，正负极不能接反；485 信号接线时注意 A/B 两条线不能接反，总线上多台设备间地址不能冲突。光照度变送器（Modbus 类型）的接线示意图如图 2－63 所示。

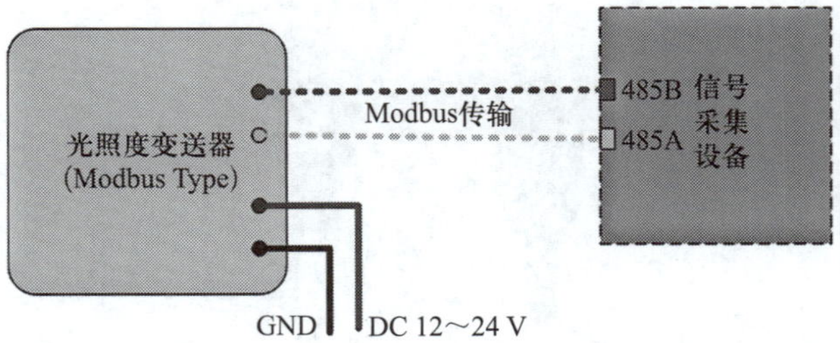

图 2－63　光照度变送器（Modbus 类型）的接线示意图

RS485 光照度感知模块组网安装图如图 2－64 所示。

（2）无线光照度感知模块的安装方法

在智能家居应用中，常采用无线光照度感知模块来检测光线变化、光照强度，

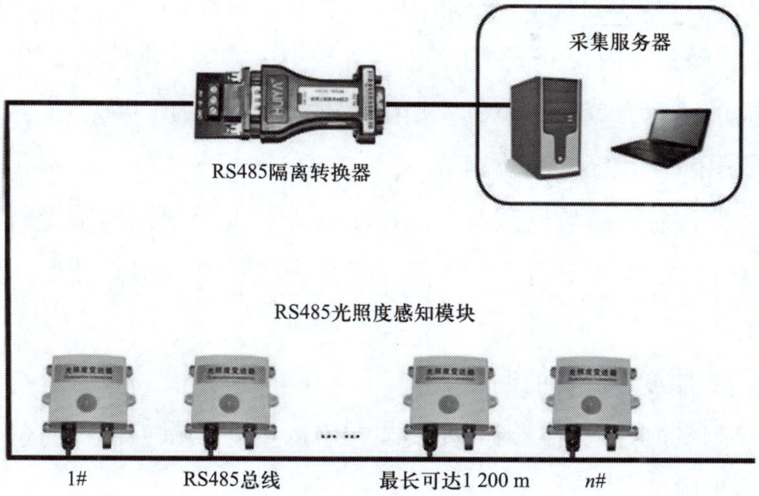

图2-64 RS485光照度感知模块组网安装图

其采用粘贴方式放置在窗边、墙上、门边，或打孔安装在天花板上，安装位置应避免阳光直射。无线光照度感知模块安装示意图如图2-65所示。

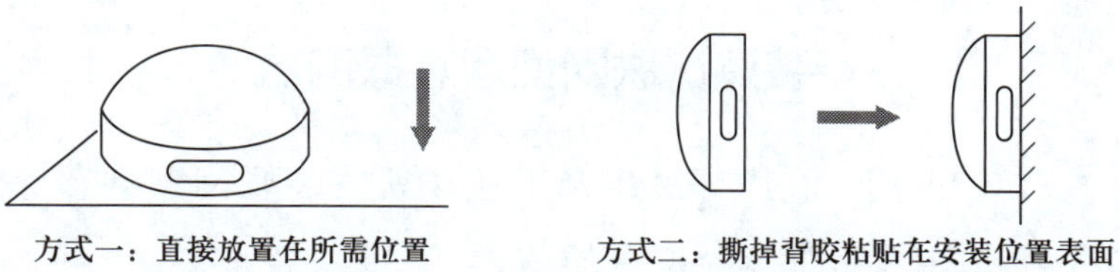

图2-65 无线光照度感知模块安装示意图

（3）光照度感知模块安装注意事项

1）先检查包装是否完好无损，然后核对光照度传感器的型号和规格是否正确，如果有问题要尽快与卖家联系。

2）使用光照度传感器时不能有外力冲击光检测传感器，以免导致测量元件受损，影响光照度传感器的使用。

3）避免在高温、高压、潮湿环境下使用光照度传感器。

4）要保证受光面的清洁。

2. 光照度感知模块的调试

光照度感知模块的测量结果与安装位置有很大的关系，一般需要通过物联网软件平台，将光照度感知模块加入设备管理清单，依据指示灯状态判断设备是否入网，入网成功后，通过软件平台进行设备功能调试。以下是各种环境光照度参考。

可根据使用场所参考以下单位设置，亮度越高，照度值显示越大。

黑夜为0.001～0.02 lx；月夜为0.02～0.3 lx；阴天室内为5～50 lx；阴天室外为50～500 lx；晴天室内为100～1 000 lx；夏季中午太阳光下的照度约为10^6 lx；阅读书刊时所需的照度为50～60 lx；家用摄像机标准照度为1 400 lx。

（1）室外用光照度感知模块调试

室外用光照度感知模块调试前可以用手将光照度感知模块感光面覆盖，以测试传感器是否正常，照度值可直接在厂家云平台或手机App上读取，应注意信号传输可能会有延迟。

（2）室内用照度传感器的调试

当需要检测室内照度时，则需要安装在室内中间或靠近窗口的位置，照度值在照明管理软件中可以查看。

操作技能

安装调试联网型烟感探测器

在商场、宾馆、商店、仓库等民用及工业场所安装联网型烟感探测器，用于火灾预报警。一般与其他安防系统配套使用。

一、操作准备

1. 准备好工具，包括电钻、锤子、旋具等。

2. 检查包装是否完好无损。

3. 核对烟感探测器的型号和规格是否正确，外部是否有划伤、磕伤。某烟感探测器外形示意图如图2－66所示。

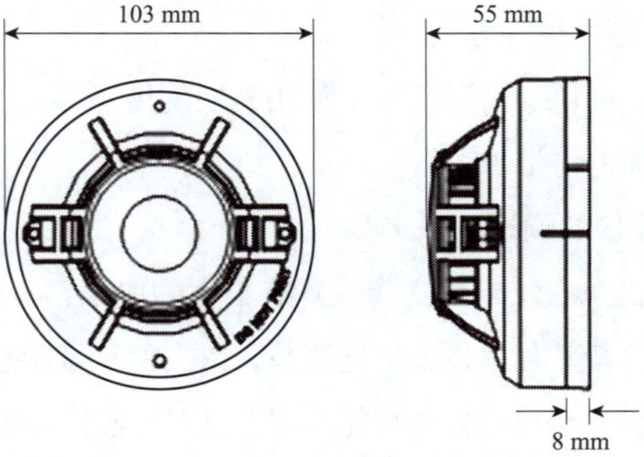

图2－66　烟感探测器外形示意图

二、操作步骤

步骤1　安装烟感探测器

在天花板上相距60 mm的位置上钻两个直径5 mm的安装孔，用胀塞和螺钉将探测器底座固定在天花板上，如图2－67所示。

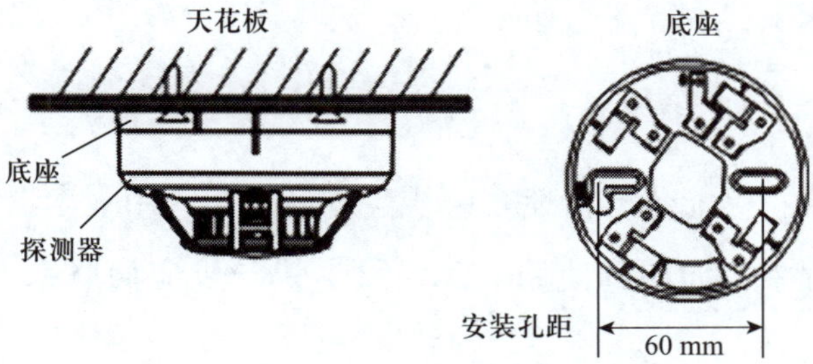

图2－67　安装示意图

步骤2　接线

将电源线连接在底座端子3、端子4上，将继电器无源触点输出线连接在底座端子1、端子2上。将探测器按正确方向扣在底座上，压下后按顺时针方向旋紧，接通电源即可工作。接线示意图如图2－68所示。

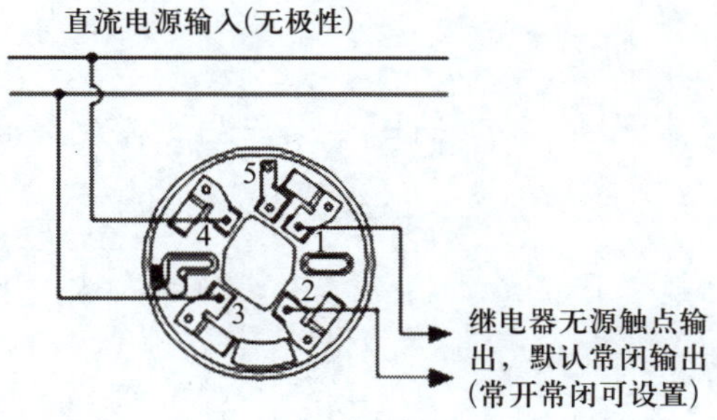

图2－68　接线示意图

步骤3　自检

按下检测按钮，探测器LED常亮，同时发出报警声（注：自检仅对于探测器本身内部功能进行检测，自检时无继电器信号输出）。

小贴士

正常情况下，烟感探测器大约每隔6 s指示灯会闪亮一下。探测器自动检测周围环境中的烟雾浓度，并根据使用环境状况进行灵敏度自动补偿。当烟雾浓度接近报警值，探测器加快对烟雾浓度趋势进行智能运算，同时报警指示灯开始闪亮。若运算结果达到或超过报警值，探测器开始声光报警，并启动继电器输出。当周围环境的烟雾浓度降低到报警值以下时，探测器自动恢复正常工作状态。

三、注意事项

1. 频繁误报警：可能传感器迷宫中积尘过多引起，用吸尘器清理迷宫。

2. 在使用过程中，如遇到使用故障，须尽快与供应商联系，不要私自拆卸修理，以免发生意外。

3. 如长期不使用，必须拆下探测器，装入包装盒中，在通风干燥处存放。

典型案例

智能家居客厅烟感探测器安装调试

一、情景描述

在某全屋智能家居安装工程中，依据设计师制定的全屋智能方案，与服务工程师对接，确认客厅烟感探测器的安装和配置。安装完毕后，由客户和服务工程师进行完工验收，确保实现预期火灾报警功能。

二、案例分析

依据全屋智能方案，选择独立式光电烟感火灾探测报警器，可以检测空气中的烟雾颗粒浓度从而判断是否发生火灾。当检测到烟雾浓度达到或超过警戒阈值时，烟雾报警器会发出声光报警。通过 App 设置，可以实现智能联动、远程消息推送等功能。

步骤 1　烟雾报警器安装位置选择

根据设计师提供的全屋智能家居安装点位图，实地勘测烟雾报警器现场安装位置是否满足以下安装位置要求。

1. 仅限室内安装使用。

2. 报警器应和照明设备保持 50 cm 以上距离。

3. 不要安装在浴室内、易沾水或有水滴附着的地方。

4. 不要安装在易产生非火灾烟雾或者蒸汽的地方。

5. 不要安装在温度低于 -10 ℃或高于 55 ℃的地方。

6. 当橱柜靠近天花板时，报警器应和橱柜保持 60 cm 以上距离。

7. 报警器应和换气扇、空调或通风口保持 150 cm 以上距离。

步骤2　安装烟雾报警器

1. 将2节5号碱性电池装入产品，电池极性需要安装正确。按住消音/自检按钮约 1 s 释放后，确认指示灯红、黄、绿交替闪烁一次，蜂鸣器鸣叫一次。

2. 打开应用 App，点击首页右上角“+”，进入“添加设备”页面，选择烟雾报警器，并依照提示进行操作，直到 App 提示设备添加成功。

3. 在天花板上用冲击钻钻 2 个直径为 6 mm 的孔，2 个孔的间距为 60 mm。

4. 在钻孔中装入膨胀螺栓并用榔头将膨胀螺栓安装到位。

5. 用 2 只自攻螺钉把安装底座装在天花板上，如图 2-69a 所示。

6. 将报警器装入安装底座，并顺时针旋转至入位。将报警器按键对准安装底座上的箭头标志，左右转动后报警器入位到底座上，然后顺时针转动报警器直至旋紧，如图 2-69b 所示。

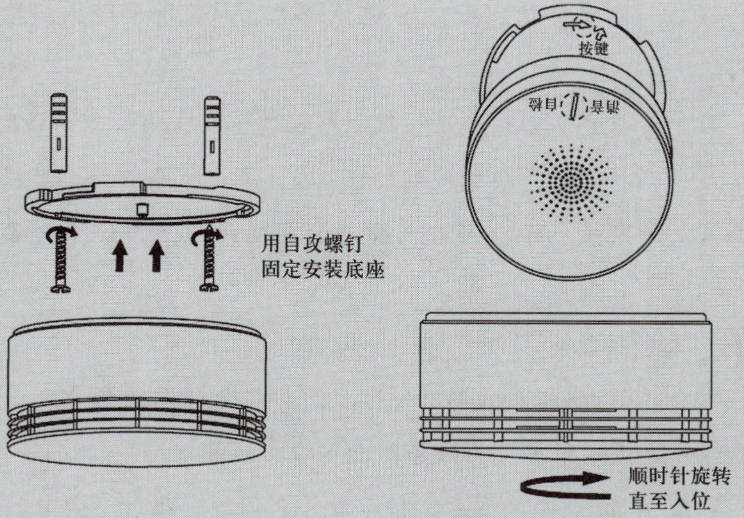

a)　　　　b)

图2-69　烟雾报警器安装

a）安装底座　b）将报警器装入底板

步骤3　调试烟雾报警器

1. 调试火灾报警功能

（1）烟雾报警器检测到烟雾后会立即发出声光报警信号。

（2）如果排除火灾，可以按一下消音/自检按钮使报警器消音。

（3）火灾报警消音约70 s，在此期间无声光指示，之后报警器恢复正常监控状态。

2. 调试自检功能

短按消音/自检按键，对照表2－6中指示灯和蜂鸣器状态对烟雾报警器进行自检测试。

表2－6　烟雾报警器自检测试状态

探测器状态	指示灯状态	蜂鸣器状态
正常工作状态	指示灯红黄绿三色交替闪烁一次	鸣叫一次
低电量报警	指示灯黄色闪烁一次	鸣叫一次
故障报警	指示灯黄色闪烁三次	鸣叫三次
火灾报警	指示灯红色闪烁三次	鸣叫三次

3. 调试消音/消音解除功能

（1）在故障或火警状态下，按一下按键后声音指示停止，指示灯保持正常闪烁。

（2）在消音状态下，按一下按键状态保持不变，消音重新计时。

（3）在消音状态下，按住按键约3 s后，消音状态解除，产品恢复到正常的故障或者火警指示状态。火警消音时间约70 s，故障消音时间为12 h。

4. 模拟火警功能

（1）按住消音/自检按钮约3 s后，指示灯会持续闪烁红色，声音指示以渐进音方式响起报警音，报警器进入模拟报警状态。

（2）松开消音/自检按钮后，指示灯停止闪烁，报警音停止，报警器退出模拟报警状态。

学习单元 3 安装、调试本地控制模块

一、本地控制模块的定义和功能

1. 本地控制模块概述

物联网系统中的控制器，作为智能控制终端，可以与传感器、RFID 模块、无线网络等进行信息交换和通信，从而实现对物体的智能化识别、定位、跟踪、监控和管理，并实现物与物、物与人的连接，实现对物体的识别、管理和控制。

物联网系统中的本地控制模块，是局域物联网系统的控制中心，负责收集信号、发送指令，从而实现产品之间的智能联动。

根据物联网系统的规模可以选择不同的本地控制模块。常用的有单片机、嵌入式控制器、可编程控制器、工业 PC、集散控制系统等。

2. 本地控制模块的功能

物联网本地控制模块可实现 Wi-Fi、ZigBee、蓝牙等通信设备之间的互联互通，以方便快捷地控制插座、开关、窗帘、空调等智能设备，对各种智能场景进行管理和控制。

智能楼宇场景中，本地控制模块可为供热、通风和空调系统提供有效的控制，采用通用空调系统温度参数、相对湿度、压差等作为控制器输入信号源。

智能家居场景中，本地控制模块包括智能插座、开关、温控器等产品，可通过手持终端 App 控制，实现家庭内安防报警、家电控制、用电信息采集等功能，可通过无线方式与智能终端等产品进行数据传输。

二、本地控制模块的安装

在小型智能家居系统中，本地控制模块可通过智能开关、无线遥控器、控制屏、平板电脑及家用电器本身的操作按钮等，在受控家电附近对家电进行操作，常见的三种类型本地控制模块的安装要求各不相同。

1. 智能家居控制开关

智能家居控制开关是指利用智能家居控制面板（见图2－70）、智能插座、无线电遥控器等对家庭照明灯具或家用电器进行控制，可以安装在家中的多个地方实施场景控制，通常采用ZigBee无线通信协议，搭配带网关功能的设备，可实现远程控制、定时开关、电量统计等功能。智能家居控制开关可通过厂家提供的手机App软件进行安装设置，因安装过程涉及强电，需由持电工操作证的专业人员依照电工规范和产品说明书进行安装。

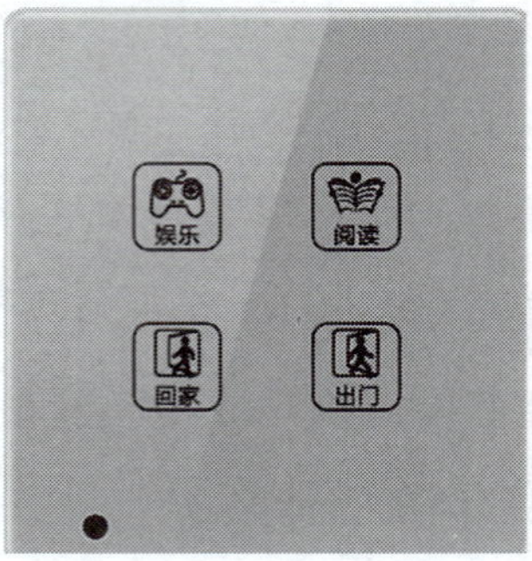

图2－70　智能家居控制面板

2. 智能家居控制主机

控制主机是本地控制与远程网络控制的关键设备，智能家居系统的各种控制均由控制主机完成，相当于智能家居的“指挥部”，常见控制主机包括可编程控制器、嵌入式系统等，控制主机外观如图2－71所示。

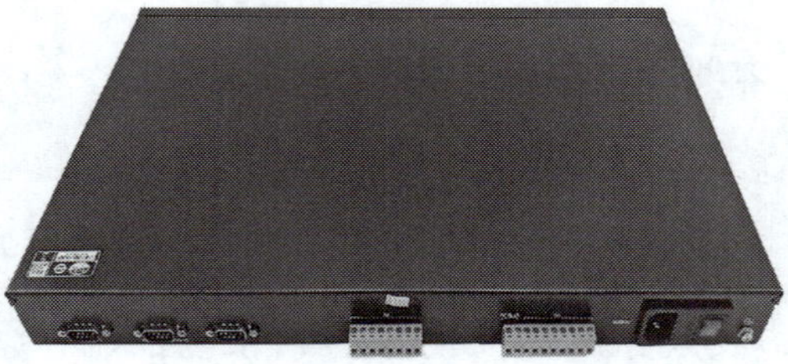

图2－71　控制主机外观

控制主机通过室外的互联网、GSM网和室内无线网，对输入的信号进行分析处理后，形成新的输出信号（操作指令），再通过室内无线网发出，完成灯光控制、电器控制、场景设置、安防监控、物业管理等操作，在紧急情况下可通过室外互联网、GSM网向远端用户手机或计算机发出家里的安防信息。安装控制主机需要连接计算机或平板电脑，下载安装智能家居控制系统生产厂家提供的专用软件后，再用计算机或平板电脑与控制主机配合，即可实现所有操作功能。不同厂家生产的控制主机，其控制软件各不相同。采用平板电脑控制主机实现智能家居控制示意图如图 2－72 所示。

图 2－72　采用平板电脑控制主机实现智能家居控制示意图

3. 无线本地控制模块

无线本地控制模块一般为免安装或轻量安装产品，采用插入电源插座或粘贴安装的方法。一款免安装无线本地控制模块如图 2－73 所示，采用粘贴安装或放置于所需区域即可。为确保控制模块与各子设备通信稳定，建议将无线本地控制模块安装在子设备所在区域的中心位置；在室内无遮挡情况下，无线本地控制模块与子设备间的通信距离不宜超过 30 m，具体取决于实际环境。

图 2－73　一款免安装无线本地控制模块

小贴士

1. 本地控制模块一般放置在室内或干燥环境，请勿在潮湿环境或室外使用，勿将本地模块放置于靠近热源处。

2. 因电子产品具有的通用特性，海拔条件对控制器性能会产生影响。

三、本地控制模块的调试

物联网本地控制模块的调试，需要结合应用场景，与智能网关、传感器/执行器等设备连接，实现智能联动。依据设计要求完成物联网本地控制模块基本安装后，一般可以通过平板电脑或手机上的智能 App 来设置智能应用场景，调试子设备探测收集具体数据，通过智能网关控制执行器。有的本地控制模块设置有测试按钮用于测试系统，可根据产品说明书提示操作完成测试。

操作技能

安装调试智能家居本地控制模块

一、操作准备

1. 准备十字旋具、一字旋具、试电笔等基本电工工具。

2. 根据设计方案准备智能烟雾报警系统所需设备，包括同一品牌智能墙壁插座、智能网关和烟雾报警器。

二、操作步骤

1. 开箱验收进场设备

（1）查看外包装是否完好、是否有凹陷，若有损坏痕迹应拍照留存记录，并在开箱验收单上如实记录。

（2）检查设备数量、型号应与装箱单相符，检查设备外观是否完好，查看设备包装内保修卡、合格证是否齐全。

（3）核对供货清单与装箱单上的设备数量与参数是否吻合，若有不符，应在验收单上做好记录，要求供货商予以更换。

（4）依据烟雾报警器使用说明书，初步判别烟雾探测器工作是否正常。

2. 安装智能墙壁插座

（1）选择智能墙壁插座、智能网关和烟雾报警器安装位置。

（2）关闭电源总闸，用十字旋具拧松智能墙壁插座背面螺钉，将墙壁接线盒里的火线和零线分别接到输入端火线（L）孔和零线（N）孔，将墙壁接线盒里的地线接到中间孔，拧紧螺钉，接线如图 2-74 所示。

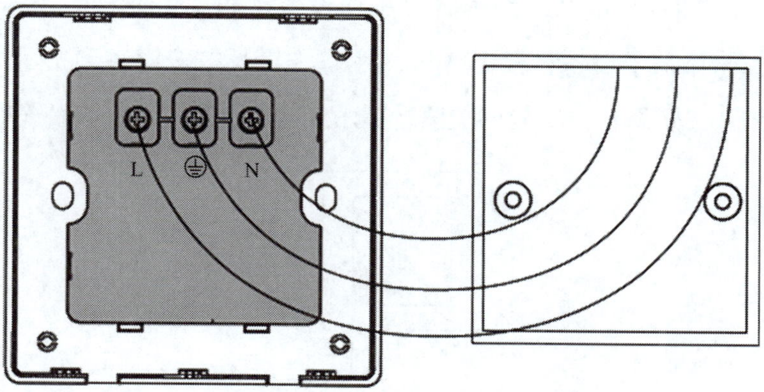

图2-74 墙壁插座接线图

（3）用一字旋具撬起插座面壳，如图 2-75 所示。

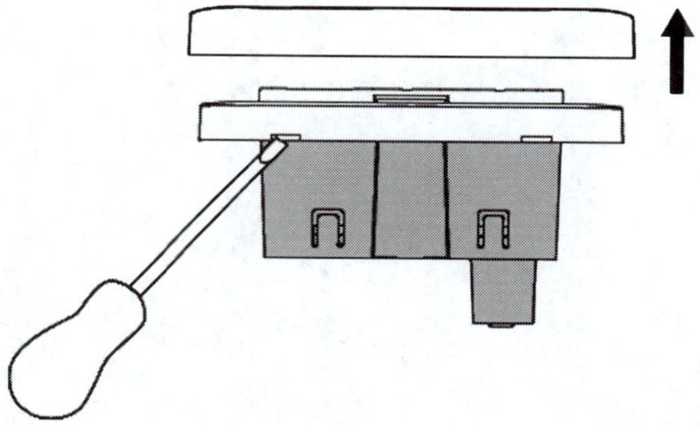

图2-75 撬起墙壁插座

（4）用十字旋具拧紧螺钉，将插座固定到墙壁接线盒里，扣上插座面壳，如图 2-76 所示。

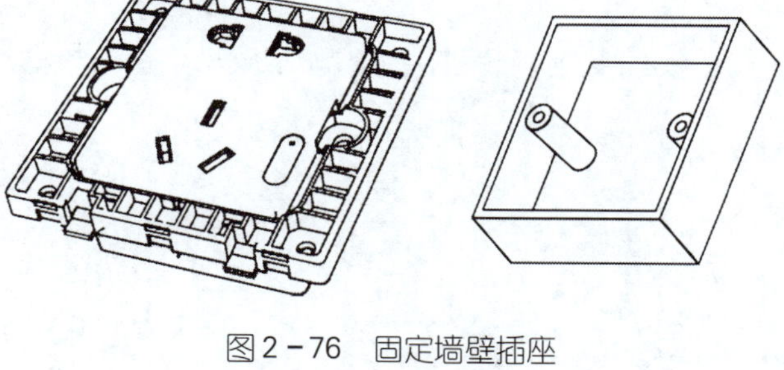

图2-76 固定墙壁插座

（5）接通电源，蓝色指示灯闪烁一下，表示正常通电。按下智能插座的按键，红色指示灯持续慢闪，表示插座正常。

3. 找就近电源插座接通智能网关。

4. 下载品牌商提供的App，根据“添加设备”指引，选择需要连接的网关，在设备页面点击添加子设备，根据App提示操作，长按按键直到指示灯连续闪烁后松开，如图2－77所示。直到网关语音提示“连接成功”，添加墙壁插座。

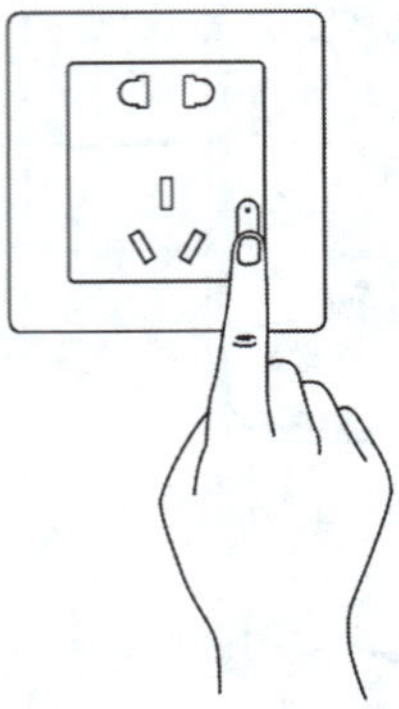

图2－77　连接调试

5. 如添加失败，请将网关移近墙壁插座后重试。

典型案例

会议场景自动开灯装置

一、情景描述

假设你是一名智能家居安装工程师，依据客户要求给面积约为100 m^2的会议室安装灯光控制系统，要求在会议过程中，可以根据会议主持人的手掌细微动作或现场环境光线强度，联动墙壁开关实现自动开关灯。

二、案例分析

选择高精度人体传感器，与同一品牌智能网关和智能墙壁开关组成会议室灯光控制系统，如图2－78所示。

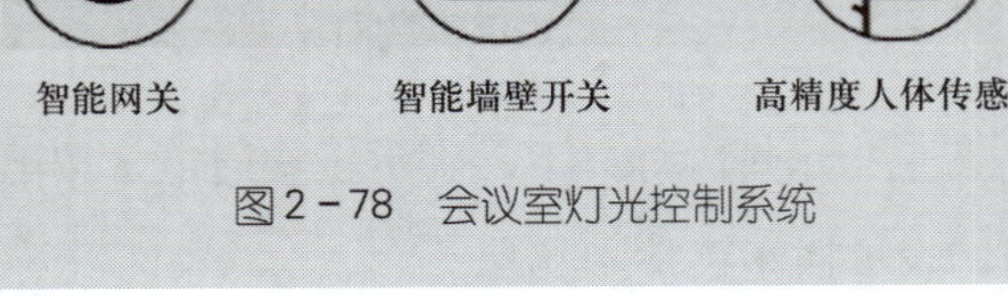

图2－78　会议室灯光控制系统

步骤1　安装智能墙壁开关

根据会议室灯光控制策略和电源制式，在6种备选墙壁开关（零火线单键、零火线双键、零火线三键、单火线单键、单火线双键或单火线三键）中选择其一，安装流程与墙壁插座类似，参照产品使用说明书安装。注意一定要断电操作！

步骤2　安装智能网关

将智能网关接通电源，在应用App中添加智能网关，连接成功后添加墙壁开关。如添加失败，将网关移近墙壁开关后重试。

步骤3　安装调试高精度人体传感器

根据主持人位置，安装高精度人体传感器。

步骤4　检测会议场景自动开灯功能

分别设置高精度人体传感器高、中、低三个档位，测试灵敏度，减少误报情况发生。还可在会议室选择合适位置粘贴安装光照传感器，环境光线变暗时，辅助开启会议室灯光。

学习单元4　安装、调试执行模块

一、执行模块概述

1. 执行模块的概念

物联网执行模块的作用是接收控制器发出的控制信号，调整被控介质，使被控变量保持为要求的值或在一定范围内。根据其能量形式，执行机构可分为气动、液压、电动三大类。

物联网系统执行模块与传统执行器的功能类似，都是使系统控制过程按照规定的要求进行。比如，声光报警器是为了满足用户对警报声音和安装位置的特殊要求而设置的，目的是加强对人们工作、生活环境的安全防护，起到更好的报警提示作用。

2. 几种常见物联网执行模块

常见物联网执行模块包括声光报警器、照明装置、继电器模块、电动机等。

（1）声光报警器

物联网声光报警器由探测器与报警控制主机构成，主要用来接收网关或控制器传输的火灾报警信号，可以同时发出声音和光，向人们发出报警信号。常见声光报警器如图2－79所示。

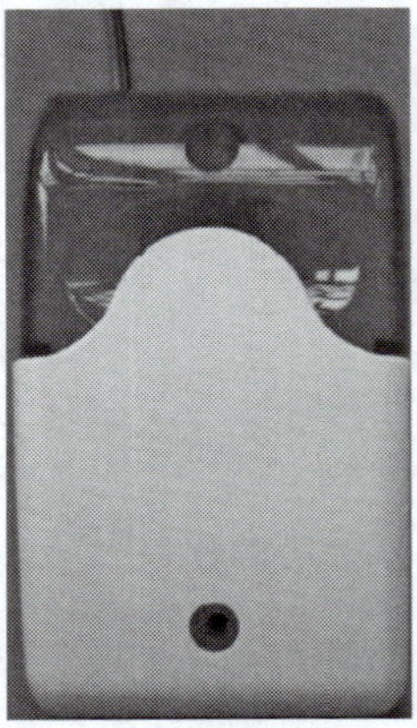

图2－79　常见声光报警器

（2）照明装置

物联网照明装置也是物联网执行模块中的常见设备，可用于改善照明电路中不平衡负荷所带来的额外功耗，提高功率因数，降低灯具和线路的工作温度，达到智能化照明的目的，广泛应用于体育馆、酒店、医院、道路等场所照明。

（3）继电器模块

物联网继电器模块是一种电控制器件，当输入量（激励量）的变化达到规定要求时，其在电气输出电路中使被控量发生预定的阶跃变化，实际上是用小电流去控制大电流运作的一种具有隔离功能的自动开关元件，在电路中起着自动调节、远程控制安全保护、转换电路等作用。

（4）电动机

物联网中使用的电动机的主要作用是产生驱动转矩，作为用电器或各种机械的动力源，可用于智能家居中的智能窗帘和智能门锁控制。

二、安装、调试声光报警器

当发生火灾时，网关或控制器收到报警信息会传输至声光报警器，使其发出报警信号，提示现场工作人员采取灭火措施或及时逃生。

声光报警器应参照《火灾自动报警系统施工及验收标准》（GB 50166—2019）进行安装、调试。

1. 声光报警器的安装要求

（1）明确被监测对象的具体要求，确认报警器安装点位。

（2）报警器的安装高度一般应在180 cm左右，以便于维修人员进行日常维护。

（3）报警器是安全用仪表，有声、光显示功能，应安装在工作人员易看到和听到警报的地方，以便及时消除隐患。

（4）检测对象是某种气体的应用场合，对于密度低于空气的气体，如氢气，应将报警器安装在高于可能泄漏点的平面上；对于密度大于空气的气体，如氯气，应将报警器安装在低于可能泄漏点的平面上。

（5）对于存在有毒气体泄漏可能的场所，每相距 10 ~ 20 m 应设一个检测点。

2. 声光报警器的调试方法

首先检测紧急按键功能是否正常，参考产品说明书进行操作，再通过设置厂家物联网云平台相关模块，将声光报警器添加到设备管理清单，依据指示灯状态判断设备是否入网。入网成功后，通过物联网云平台进行设备功能调试。

三、安装、调试照明装置

1. 智能照明装置的安装要求

（1）参照《建筑电气照明装置施工与验收规范》（GB 50617—2010）基本规范要求执行安装。

（2）智能照明装置布线，要考虑是否方便汇入配电箱（板）。

（3）照明装置配电箱（板）安装高度主要应考虑方便切断电源主开关。

2. 智能照明装置的调试方法

参考产品说明书进行设备操作。通过厂家物联网系统云平台，将照明装置通过局域网添加到平台设备管理清单。根据用户的不同应用场景需求设置照明装置，通过物联网云平台进行设备功能调试，重点测试是否达到用户灯光效果需求。

小贴士

1. 注意结合安装位置周围环境光线变化进行调试，避免误触发。

2. 感应触发照明装置一般设置为自动延时熄灭，延时时长根据用户使用习惯设置。

3. 安装客厅等共享空间的智能照明装置，可设置为自动照明开关，检测到有人进入客厅，灯光自动打开，方便家人行走和操作场景面板，并延时熄灭。

操作技能

安装调试居家养老一键报警器

一、操作准备

1. 准备电钻、膨胀胶塞及螺钉，一键报警器外观图及规格尺寸如图 2－80 所示。

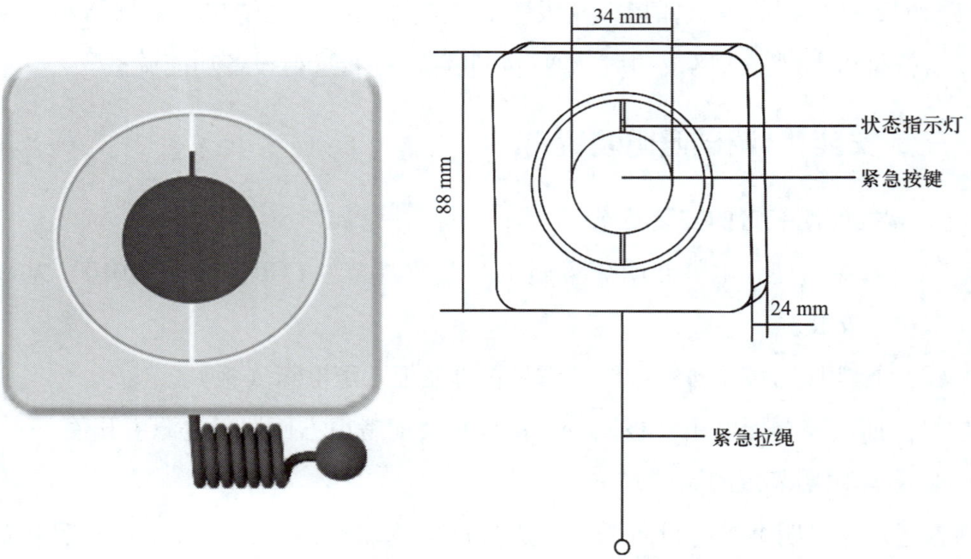

图 2－80　一键报警器外观图及规格尺寸

2. 为方便老人使用，一键报警器采用了 NB-IoT 通信技术，安装前需提前测试该点基站网络环境。

二、操作步骤

1. 与用户交流沟通，了解老人行为习惯，在卧室，洗手间等地点选择在便于老人触及的高度。

2. 开箱检验一键报警器是否无损，往卡槽正确插入 NB-IoT 卡，通电后状态指示灯亮。

3. 检测紧急按键功能是否正常，按下主机正面的紧急按钮，发出一声报警提示音；检测紧急拉绳功能是否正常，拉动主机下的拉绳，发出一声报警提示音。

4. 征求用户意见，选择粘贴安装或墙挂式安装。

（1）粘贴安装：将 3M 背胶粘贴到设备后面，在用户指定位置进行安装。

（2）墙挂式安装：首先推开报警器后盖，在墙上对着后盖的两个孔位用电钻钻孔，将膨胀胶塞塞入孔内，然后将螺钉带着后盖旋入膨胀胶塞，最后将设备从上方滑进后盖，组装完成。

5. 调试一键报警器，检验设备自检功能及定时上报模式是否正常。

6. 检测 LED 状态指示灯是否正常，根据指示灯状态判断设备运行情况。

（1）设备通信成功：唤醒设备→提示音响一声→红灯闪烁→慢闪结束→通信成功。

（2）设备通信失败：唤醒设备→提示音响一声→红灯闪烁→快闪结束→通信失败。

典型案例

安装家庭智能照明装置

一、情景描述

依据客户要求安装灯光控制系统。用户提出希望家庭智能照明装置可以随心调节亮度与色温，以满足家人读书、起床、看电影、休闲时的灯效需求，且设置轻松方便，可用手机 App 一键操作。此外，还可以根据家人们的不同喜好与习惯设置自定义灯效情景。

二、案例分析

依据客户需求，将家庭智能照明装置设计为四种情景模式。

模式一：客厅设置为休闲模式，灯光可调节为明亮暖光。

模式二：客厅或娱乐室设置为电影模式，灯光可调节为偏暗暖光，实现影院氛围照明。

模式三：卧室设置为起床模式，灯光可调节为微亮白光。

模式四：书房设置为读书模式，灯光可调节为高亮冷光。

智能照明装置可以连接无线开关，无需布线和设置网关。无线开关采用磁吸设计，平时是无线墙壁开关，取下是无线遥控器，小巧便携还可随身放置。一种六键无线开关功能设置如图 2－81 所示。

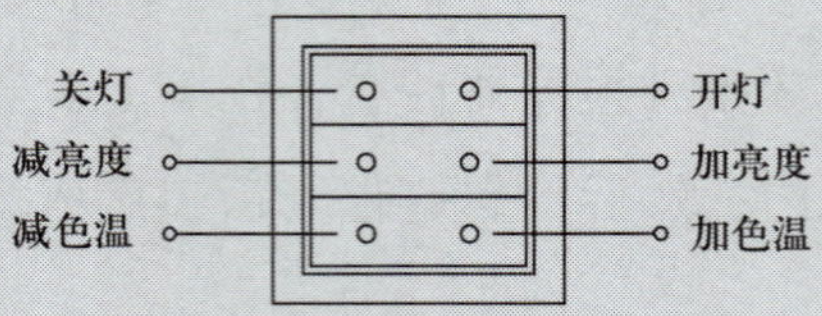

图2－81 六键无线开关功能设置

由于室内环境各不相同，建议可通信的最大距离小于20 m，且间隔不超过两堵墙时效果最好。根据用户生活习惯现场调试 App，可实现定时开灯、自动化场景、远程查看状态、开/关灯、调节灯光等功能。

职业模块 3 软件安装与使用

培训课程 1　安装物联网应用软件

学习单元 1　不同操作系统下的物联网应用软件

学习单元 2　下载并安装计算机端物联网应用软件

学习单元 3　下载并安装移动端物联网应用软件

培训课程 2　使用物联网应用软件

学习单元 1　物联网应用软件的配置及使用

学习单元 2　物联网应用软件的维护

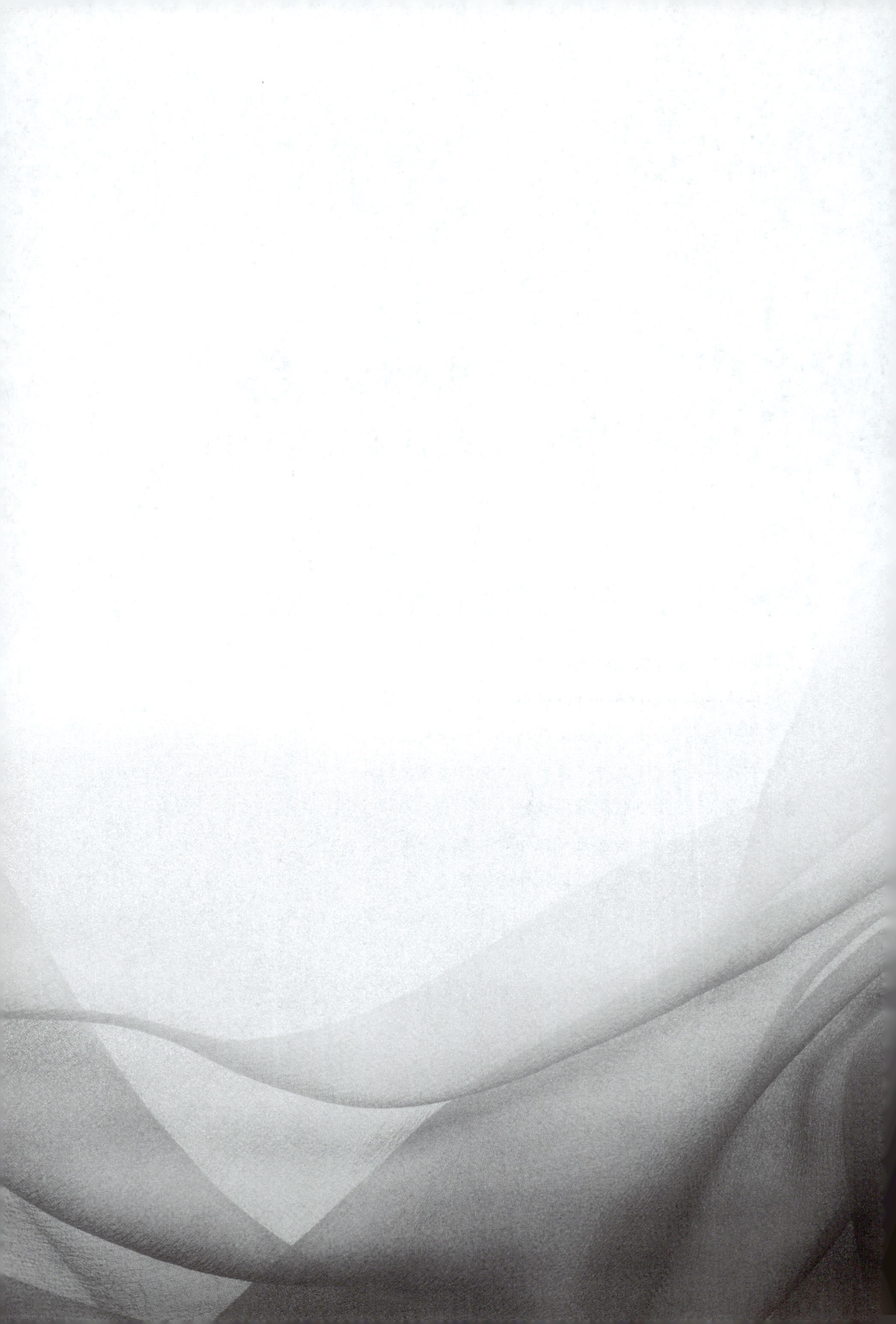

培训课程 1 安装物联网应用软件

学习单元 1 不同操作系统下的物联网应用软件

一、物联网应用软件的分类、特点

1. 物联网应用软件的定义

物联网应用软件是指物联网感知层、传输层以及应用层所涉及的物联网操作系统和应用程序。从功能角度，物联网应用软件的类型包括数据感知软件、中间件软件、网络操作系统与网络协议软件、物联网信息管理软件等。如微信小程序、移动端 App、PC 端应用程序、硬件和物联网网络的调试工具软件等。

2. 物联网应用软件的特点

物联网应用软件的特点包括软件完整性、数据海量性、能效敏感性、信息实时性及安全重要性，具体如下。

（1）软件完整性

物联网软件产品涉及基础软件、支撑软件和应用软件，物联网软件服务包括咨询规划、系统集成、系统运维等各种业态，构成了一个完整的产业生态链条，对软件服务业具有很强的带动作用。

（2）数据海量性

随着物联网的完善，物联网系统所具有的数据呈现出海量特性，物联网系统不仅要考虑海量数据的存储、传送、查询等常规处理，还需要应对海量数据下操作的效率、准确性等独特特征。

（3）能效敏感性

物联网系统中大量设备需要依靠电池供电，对能效非常敏感。因此，如何在确保正确进行信息传送与处理的前提下，尽可能降低能耗就成为物联网系统中软件、硬件设计的一个重要指导思想。

（4）信息实时性

物联网系统的自主控制和智能特性使得系统要具有非常严格的信息获取和反馈的时间限制，对系统中信息交流的实时性要求较高，这样系统中相关软件就需要具有较快的运行速度、准确的时间控制和实时控制，以满足信息的实时处理要求。

（5）安全重要性

物联网系统中大量物品、设备都暴露在公开场合，设备本身的信息以及网络中传送的信息很容易被获取和利用，物联网系统本身的安全和隐私特性面临极大挑战，物联网系统需要专门解决整个系统及各设备本身的安全和隐私性。

3. 物联网应用软件的运行逻辑

物联网应用软件可通用，可定制化，用户体验性强，主要包括设备模块、消息模块、场景模块、个人中心模块四大模块。

设备模块：实现设备的统一管理、控制、历史数据可视化。

消息模块：实现设备的实时预警，查看历史消息。

场景模块：自定义场景包括智能家居、智能医疗、智能交通等。

个人中心：统一管理个人信息，提交反馈意见，利于平台版本优化。

物联网应用软件运行一般遵循应用软件与硬件分离，设备驱动与操作系统内核分离的设计指导思想，如图 3－1 所示。

各逻辑块之间的交互过程如下。

（1）物联网终端（大到汽车、冰箱，小到门锁、追踪卡、手环等）上运行物联网操作系统，以及基于物联网操作系统的应用（App）。

（2）物联网终端上运行的应用程序，由用户通过智能设备（如手机、iPad等）进行控制。智能设备通过本地通道（比如蓝牙、Wi-Fi、ZigBee 等）连接到物联网终端，控制终端上 App 的安装和卸载以及 IoT 终端的相关配置（安全信息等）。

（3）如果物联网终端运行了一个 App，且该 App 是基于 Client-Server 模式（比

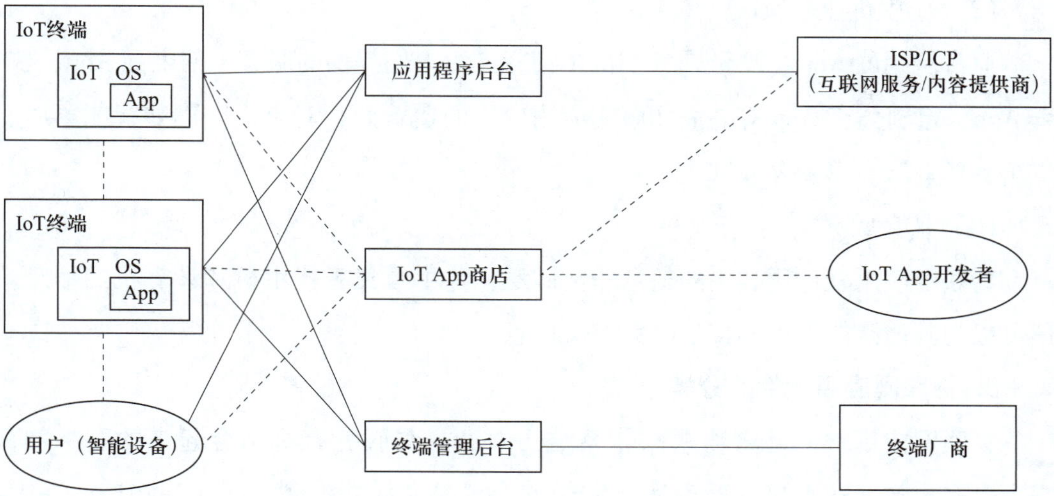

图3－1　物联网应用软件运行的设计指导思想

（注：图中实线表示永久的逻辑连接，虚线表示临时的逻辑交互。）

如微信），则物联网终端需要与 App 的“应用程序后台”进行交互，实现业务逻辑。

（4）物联网终端与“终端管理后台”建立持久的通信连接，用于实时更新物联网操作系统内核版本，实时更新物联网终端的硬件驱动程序等。

（5）物联网终端运行的 App，由第三方开发者或者 ISP/ICP 开发，并上传到 IoT App 商店，供用户按照需求下载。

（6）物联网终端之间能够通过本地通信通道（蓝牙、Wi-Fi、ZigBee 等）进行通信，这种通信无需借助后台。比如，汽车到达路口后，可以与信号灯通信，这样信号灯就能够掌握各个方向的排队汽车数量，然后根据数量来决定信号的变换，达到优化交通的目的。物联网终端之间的直接通信（端端通信）是物联网的关键能力之一，也是物联网区别于移动互联网的主要特征之一。

4. 物联网应用软件的性质

物联网应用软件的作用是使物体通过信息传感设备与网络相连接，进行信息交换从而实现相应功能，使物体、设备和网络相连接，不受时间、地点的限制相互通信。

（1）面向对象

物联网应用软件需要同时面向设备和人，所以在设计时除了需要考虑用户，还应考虑与设备相对接，这就需要大量与之配套的设备。

（2）应用行业领域

通常所用的App主要涉及人们的生活或者为人们提供的服务，如电商App、教育App、定制公交App等。而物联网应用软件的覆盖面相对更广，例如智能家居、汽车、新能源、军事等领域。

（3）信息收集

物联网应用软件所收集的信息非常广泛，除了收集智能手机和计算机的信息，还可以与其他智能设备连接后收集相关信息。

5. 物联网应用软件的分类

物联网应用软件是将物联网体系结构中设施与服务有机结合起来的黏结剂，它可以完成数据的汇聚、处理和分发任务，完成事件的检测、派遣和响应，并为物联网运营商、管理者和终端用户提供进入网络的接口。

（1）从供应商的角度，结合物联网的分层特性和软件本身的分类特点，物联网应用软件可以按照层次分为以下几种类型。

1）感知层和网络层，包括微操作系统、嵌入式操作系统、实时数据库管理系统、感知和标识系统、视频监控系统、物联网系统运行集成环境、感知数据处理中间件（包括感知数据压缩处理软件）、信息安全软件、传感网组网通信软件等。

2）应用处理层，包括网络操作系统、大型数据库管理系统、信息预处理中间件、信息安全软件、各类应用领域的用户接口软件等。

（2）从功能的角度，物联网应用软件的主要类型包括数据感知系统软件、中间件系统软件、网络操作系统与网络协议、物联网信息管理系统软件等。

1）数据感知系统软件主要完成物品的标识和识别，由编码标签（包含物品编码）、读写器、传感器、控制器等设备的控制软件组成。

2）中间件系统软件是位于数据感知实施与后台应用软件之间的一种应用系统软件，具有两个关键特征，即动态部署在中间件平台中和能够对服务器的请求进行响应。引入中间件的主要目的是屏蔽非标准的底层设备访问接口，向后台应用提供标准化的、开放的、可以互访的通信接口。

物联网中的中间件系统通常包括：实施物品编码和传感器数据读写的读写器接口，实施数据过滤、汇集、检测网络事件并通告数据与外部系统相关联的内容的应用程序接口，向应用程序提供访问、控制底层设备编程及操作接口的应用程序接口，实施物品信息存储服务、信息检索与查询服务的目标信息服务子系统，实施对象名解析功能的对象名解析服务子系统等。

3）网络操作系统的作用是使连接在网络上的各种感知设备和计算机节点方便而高效地共享网络资源，是为用户提供所需的各种服务的软件和有关规程的集合。网络协议即网络通信的语言，是通信的规则和约定，协议规定了通信双方相互交换的数据和控制信息的格式。

网络操作系统的基本任务就是屏蔽本地资源和网络资源的差异性，为用户提供各种网络服务功能，完成网络资源的管理，同时它还必须提供网络系统安全性的管理和维护。网络操作系统除了具有常规操作系统应具有的基本功能外，还具备以下功能：支持对称多处理器、支持网络负载平衡、支持多任务、支持多用户、支持大内存、通信交往能力、安全保护、支持远程管理和互联、提供实用管理工具。

4）物联网信息管理系统软件维护物联网服务的授权与调度，负责运营与计费，物联网信息管理系统大多数是基于简单的网络管理协议（simple network management protocol，SNMP）建设的管理系统。

二、Windows 操作系统下的物联网应用软件

操作系统是管理计算机硬件与软件资源的计算机程序，同时也是计算机系统的内核与基石。操作系统需要处理诸如管理与配置内存、决定系统资源供需的优先次序、控制输入设备与输出设备、操作网络与管理文件系统等基本事务。操作系统也提供了让用户与系统交互的操作界面。任何其他软件都必须在操作系统的支持下才能运行。

1985 年 11 月，微软发布了 Windows。最初的 Windows 仅仅是为 MS-DOS 系统提供图形界面，以方便用户理解。而后续版本逐渐发展成为个人计算机和服务器用户设计的操作系统，并最终获得了个人计算机操作系统软件的垄断地位。Windows 操作系统可以在几种不同类型的平台上运行，如个人计算机、服务器和嵌入式系统等，其中在个人计算机的领域应用内最为普遍。

目前，Windows 已经成为 PC（personal computer，个人计算机）平台上最为通用的操作系统，其人机界面友好，软件资源丰富，具有强大的资源管理能力。

Windows 操作系统由开发操作系统的微软公司控制接口和设计，公开标准，因此，有大量商业公司在该操作系统上开发商业软件。Windows 操作系统上的大量应

用软件为客户提供了方便，这些应用软件类别全、功能完善、用户体验性好。

1. Windows 操作系统的特点

（1）面向对象的图形用户界面直观、高效、易学易用

从某种意义上说，Windows 用户界面和开发环境都是面向对象的。用户采用“选择对象—操作对象”的方式进行工作。例如要打开一个文档，用户可首先用鼠标或键盘选择该文档，然后从右键菜单中选择“打开”操作，打开该文档。这种操作方式模拟了现实世界的行为，易于理解、学习和使用。

（2）用户界面统一、友好

Windows 应用程序大多符合 IBM 公司提出的 CUA（common user acess，公共用户访问）标准，所有的程序拥有相同或相似的基本外观，包括窗口、菜单、工具条等。用户只要掌握其中一个，就不难学会其他软件，从而降低了用户培训学习的投入。

（3）丰富的图形操作支持

Windows 的图形设备接口提供了丰富的图形操作函数，可以绘制出诸如直线、圆、框等的几何图形，并支持各种输出设备。

（4）多任务操作环境

Windows 是一个多任务的操作环境，它允许用户同时运行多个应用程序或在一个程序中同时做几件事情。每个程序可在屏幕上占据一块矩形区域，这个区域称为窗口，窗口是可以重叠的。用户可以移动这些窗口或在不同的应用程序之间进行切换，并可以在程序之间进行手工和自动的数据交换或者通信。

2. Windows 操作系统的资源管理功能

资源管理是操作系统的一项主要任务，控制程序执行、屏蔽使用细节、组织合理工作流程、改善人机界面等都可以从资源管理的角度去理解。从资源管理的观点来看，操作系统具有以下几个主要功能。

（1）处理器管理

处理器管理的第一项工作是处理中断事件。硬件只能发现中断事件，捕捉它并产生中断信号，但不能进行处理。配置操作系统后，就能对中断事件进行处理。

处理器管理的第二项工作是处理器调度。在单用户单任务的情况下，处理器仅为一个用户的一个任务所独占，处理器管理的工作十分简单。但在多道程序或多用户的情况下，组织多个作业或任务执行时，就要解决处理器的调度、分配和

回收等问题。为了实现处理器管理的功能，操作系统引入了进程的概念，处理器的分配和执行都是以进程为基本单位；随着并行处理技术的发展，为了进一步提高系统并行性，使并发执行单位的粒度变细，操作系统又引入了线程的概念。对处理器的管理最终归结为对进程和线程的管理，包括进程控制和管理、进程同步和互斥、进程通信、进程死锁、处理器调度、线程控制和管理。

正是由于操作系统对处理器的管理策略不同，其提供的作业处理方式也就不同，从而成为呈现在用户面前的具有不同性质和不同功能的操作系统。

（2）存储管理

存储管理的主要任务是管理存储器资源，为多道程序运行提供有力的支撑。存储管理的主要功能包括：①存储分配，存储管理将根据用户程序的需要为其分配存储器资源；②存储共享，存储管理可以实现主存中的多个用户程序的存储资源共享，以提高存储器的利用率；③存储保护，存储管理会把各个用户程序相互隔离起来互不干扰，不允许用户程序访问操作系统的程序和数据，从而保护存放在存储器中的信息不被破坏；④存储扩充，由于物理内存容量有限，难以满足用户程序的需求，存储管理可以从逻辑上扩充内存储器，为用户提供一个比内存实际容量大得多的编程空间，方便用户编程和使用。

操作系统的这一部分功能与硬件存储器的组织结构和支撑设施密切相关，操作系统设计者应根据硬件情况和用户使用需要，采用各种相应的有效存储资源分配策略和保护措施。

（3）设备管理

设备管理的主要任务是管理各类外围设备，完成用户提出的I/O请求，加快I/O信息的传送速度，发挥I/O设备的并行性，提高I/O设备的利用率，提供设备驱动程序和中断处理程序，向用户屏蔽硬件使用细节。为实现这些任务，设备管理具有以下功能：提供外围设备的控制与处理、提供缓冲区的管理、提供外围设备的分配、提供共享型外围设备的驱动、实现虚拟设备。

（4）文件管理

上述三种管理是针对计算机硬件资源的管理，文件管理则是对系统的信息资源的管理。在现代计算机中，通常把程序和数据以文件形式存储在外存储器上，供用户使用。这样，外存储器上就保存了大量文件，对这些文件若不能采取良好的管理方式，就会导致混乱或破坏，造成严重后果。为此，在操作系统中配置了文件管理，它的主要任务是对用户文件和系统文件进行有效管理，实现按名存取，实现文件的共享、保护和保密，保证文件的安全性，并提供给用户一套能方便使用文件的操作和命令。具体来说，文件管理要完成以下任务：提供文件的逻辑组织方法、提供文件的物理组织方法、提供文件的存取方法、提供文件的使用方法、实现文件的目录管理、实现文件的存取控制、实现文件的存储空间管理。

（5）网络与通信管理

计算机网络源于计算机与通信技术的结合，计算机网络的应用十分广泛。联网操作系统至少应具有以下管理功能。

1）网上资源管理功能，计算机网络的主要目的之一是共享资源，网络操作系统应实现网络资源的共享，管理用户应用程序对资源的访问，保证信息资源的安全性和一致性。

2）数据通信管理功能，计算机联网后，站点之间可以互相传送数据，进行通信，完成计算机之间的信息传送。

3）网络管理功能，包括故障管理、安全管理、性能管理、记账管理和配置管理。

（6）用户接口

为了使用户能灵活、方便地使用计算机和操作系统，操作系统还提供了一组友好的用户接口，包括程序接口、命令接口、图形接口。

3. Windows 应用程序设计的特点

（1）事件驱动的程序设计

事件驱动的程序设计是一种全新的程序设计方法，它不是由事件的顺序来控制，而是由事件的发生来控制，而这种事件的发生是随机的，这样就允许程序的用户用各种合理的顺序来安排程序的流程。它是一种面向用户的程序设计方法，在程序设计过程中除了完成所需功能之外，更多地考虑了用户可能的各种输入，并有针对性地设计相应的处理程序。它还是一种“被动”式程序设计方法，程序开始运行时，处于等待用户输入事件的状态，取得事件后做出相应反应，处理完毕又返回等待事件的状态。

（2）消息循环与输入

事件驱动围绕着消息的产生与处理展开，消息是一种报告有关事件发生的通知。事件驱动是靠消息循环机制来实现的。

Windows 应用程序的消息来源有以下四种。

1）输入消息：包括键盘和鼠标的输入，这一类消息首先放在系统消息队列中，然后由 Windows 将它们送入应用程序消息队列中，由应用程序来处理消息。

2）控制消息：当用户在列表框中改动当前选择或改变了检查框的状态时发出此类消息，这类消息一般不经过应用程序消息队列，而是直接发送到控制对象上去。

3）系统消息：对程序化的事件或系统时钟中断做出反应。一些系统消息，如 DDE 消息（dynamic data exchange，动态数据交换消息）要通过 Windows 的系统消息队列，而有的则不通过系统消息队列而直接送入应用程序的消息队列，如创建窗口消息。

4）用户消息：这是程序员自己定义并在应用程序中主动发出的，一般由应用程序的某一部分内部处理。

Windows 操作系统包括三个内核基本元件：GDI、KERNEL、USER。

其中 GDI（graphics device interface，图形设备接口）负责在屏幕上绘制像素、打印硬拷贝输出，绘制用户界面，包括窗口、菜单、对话框等。

系统内核 KERNEL 支持与操作系统密切相关的功能，如进程加载、文本切换、文件 I/O 以及内存管理、线程管理等。

USER 为所有的用户界面对象提供支持，它用于接收和管理所有输入消息、系统消息，并把它们发送给相应窗口的消息队列，或是把消息直接发给窗口过程。消息队列是一个系统定义的内存块，用于临时存储消息。每个窗口负责维护自己的消息队列，并从中取出消息，利用窗口函数进行处理。

（3）图形输出

Windows 下的输出是设备无关的。Windows 下的应用程序使用图形设备接口（GDI）来进行图形输出。GDI 屏蔽了不同设备的差异，提供了设备无关的图形输出能力。Windows 应用程序只要发出设备无关的 GDI 请求（如调用 Rectangle 画一个矩形），由 GDI 去完成实际的图形输出操作。对于一台具有打印矩形功能的 PostScript 打印机来说，GDI 可能只需要将矩形数据传给驱动程序就可以了，然后由驱动程序产生 PostScript 命令绘制出相应的矩形；而对于一台没有矩形输出功能的点阵打印机来说，GDI 可能需要将矩形转化为四条线，然后向驱动程序发出画线的指令，在打印机上输出矩形。

（4）GDI（图形设备接口）

GDI 提供两种基本服务：创建图形输出和存储图像。

GDI 提供了大量用于图形输出的函数，这些函数接收应用程序发出来的绘图请求，处理绘图数据并根据当前使用设备调用相应的设备驱动程序产生绘图输出。这些绘图函数分为三类：一是文字输出；二是矢量图形函数，用于画线、圆等几何图形；三是光栅（位图）图形函数，用于绘制位图。

GDI 识别四种类型的设备：显示屏幕、硬拷贝设备（打印机、绘图机）、位图和图元文件。

前两者是物理设备，后两者是伪设备。

一个伪设备提供了一种在 RAM 中或磁盘中存储图像的方法。

位图存放的是图形的点位信息，占用较多的内存，但速度很快；图元文件保存的是 GDI 函数的调用和调用参数，占用内存较少，但依赖于 GDI，因此不可能用某个设备来创建图元文件，而且速度比位图要慢。

GDI 的图形输出是面向窗口的，面向窗口包含两层含义。

1）每个窗口作为一个独立的绘图接口来处理，有它自己的绘图坐标。当程序在一个窗口中绘图时，首先建立缺省的绘图坐标，原点（0，0）位于窗口用户区的左上角。每个窗口必须独立维护自己的输出。

2）绘图仅对于本窗口有效，图形在窗口边界会被自动裁剪，也就是说窗口中的每一个图形都不会越出边界，即使想越出边界，也是不可能的，窗口会自动防止其他窗口传过来的任何像素。这样，在窗口内绘图时，就不必担心会偶然覆盖其他程序的窗口，从而保证了 Windows 下同时运行多个任务时各个窗口的独立性。

（5）资源共享

Windows 是一个多任务的操作系统，各个应用程序共享系统提供的资源，常见的资源包括：设备上下文、画刷、画笔、字体、对话框控制、对话框、图标、定时器、插入符号、通信端口、电话线等。

Windows 要求应用程序必须以一种能允许它共享 Windows 资源的方式进行设计，其基本工作模式如下。

1）向 Windows 系统请求资源。

2）使用该资源。

3）释放该资源给 Windows 以供其他程序使用。

在 Windows 应用程序设计中，CPU 也是一种非常重要的资源，因此应用程序应当避免长时间占用 CPU 资源（如一个特别长的循环），如果确实需要占用，应当采取一些措施，能够让程序响应用户的输入。内存也是共享资源，要防止同时运行的多个应用程序因协调不好而耗尽内存资源。

应用程序一般不应直接访问内存或其他硬件设备，如键盘、鼠标、计数器、屏幕或串口、并口等。Windows 系统要求绝对控制这些资源，以保证向所有的应用程序提供公平的、不中断的运行。如果确实要访问串并口，应当使用 Windows 提供的函数进行安全访问。

三、Linux 操作系统下的物联网应用软件

Linux 是一种自由且开源的操作系统，存在着许多不同的版本，均使用了 Linux 内核。Linux 可安装于各种计算机硬件设备，比如手机、平板电脑、路由器、台式计算机。

Linux，全称 GNU/Linux，是一套可免费使用和自由传播的类 Unix 操作系统，是基于 POSIX 的多用户、多任务、支持多线程和多 CPU 的操作系统。伴随着互联网的发展，Linux 得到了来自全世界软件爱好者、组织、公司的支持。它除了在服务器领域保持着强劲的发展势头以外，在个人计算机、嵌入式系统方面也有长足进步。使用者不仅可以直观地获取该操作系统的实现机制，而且可以根据自身的需求对 Linux 进行完善，使之最大化地适应用户的需要。

Linux 系统性能稳定，其核心防火墙组件性能优越、配置简单，确保了系统的安全。Linux 具有开放源码、无版权限制、技术社区用户多等特点，开放源码使得用户可以自由裁剪，具有灵活性高、功能强大、成本低的特点。尤其系统中内嵌网络协议栈，经过适当的配置就可实现路由器的功能。这些特点使得 Linux 成为开发路由交换设备的理想研发平台。

1. Linux 操作系统特点

（1）基本思想

Linux 的基本思想包含两点：其一，一切都是文件；其二，每个文件都有确定的用途。即系统中的所有元素都归结为一个一个的文件，包括命令、硬件和软件设备、操作系统、进程等，对于操作系统内核而言，都被视为拥有各自特性或类型的文件。

（2）完全免费

Linux 是一种免费的操作系统，用户可以通过网络或其他途径免费获得，并可以任意修改其源代码，这是其他操作系统无法做到的。正因如此，无数程序员参与了 Linux 的修改、编写工作，程序员可以根据自己的兴趣和灵感对其进行改动，这使 Linux 汲取了无数程序员的设计精华，不断发展壮大。

（3）完全兼容 POSIX1.0 标准

这使得在 Linux 下可以通过相应的模拟器运行常见的 DOS、Windows 的程序，为用户从 Windows 转到 Linux 奠定了基础。

（4）多用户、多任务

Linux 支持多用户，各个用户对于自己的文件设备有自己特殊的权利，保证了各用户之间互不干扰。多任务是指 Linux 可以使多个程序同时且独立地运行。

（5）良好的界面

Linux 同时具有字符界面和图形界面。在字符界面用户可以通过键盘输入相应的指令进行操作。它同时也提供了类似 Windows 图形界面的 X-Window 系统，用户可以使用鼠标对其进行操作。

（6）支持多种平台

Linux 可以运行在多种硬件平台上，如具有 x86、680x0、SPARC、Alpha 等处理器的平台。此外 Linux 还是一种嵌入式操作系统，可以运行在掌上电脑、机顶盒或游戏机上。同时 Linux 也支持多处理器技术。多个处理器同时工作，使系统性能大大提高。

2. Linux 操作系统应用领域及系统构成

（1）Linux 应用领域

1）Linux 服务器：目前是服务器系统中应用最广泛的一种。

2）桌面应用：Linux 桌面应用采用现代化用户界面，具有高度可定制性和灵活性。

3）嵌入式系统：由于 Linux 系统开放源代码，功能多样且具有极大的伸缩性，因此在嵌入式应用的领域有广阔的市场。

（2）Linux 系统构成

1）内核：Linux 操作系统的核心代码是 Linux 系统的心脏，提供了系统的核心功能，用于与硬件交互。

2）文件系统：通常指管理磁盘数据的系统，可将数据以目录或文件的形式存储。每个文件系统都有自己的特殊格式与功能。

3）命令解释器（Shell）：使用户能够与操作系统进行交互，负责接收用户命令，然后调用相应的操作系统功能。

4）应用软件：包含桌面系统和基础的软件操作工具等。

Linux 系统结构如图 3－2 所示。

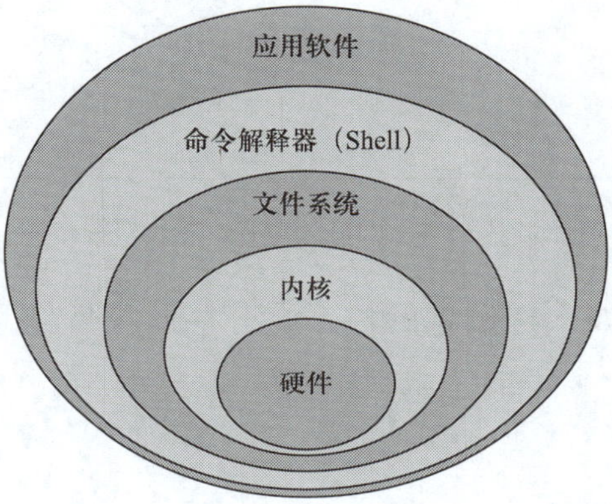

图3－2 Linux 系统结构图

3. Linux 的文件系统

文件系统是计算机操作系统的重要组成部分，用于组织和管理计算机存储设备上的大量文件。

（1）文件系统结构

在 Windows 文件系统中，系统结构分不同的盘符。Windows 文件目录如图 3－3 所示。

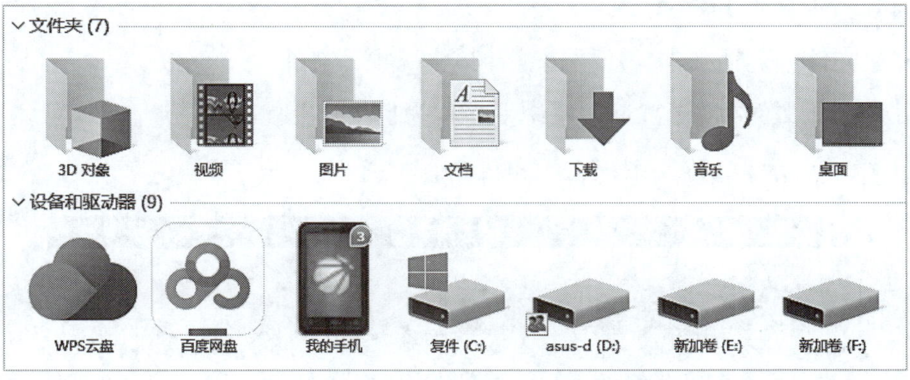

图3－3 Windows 文件目录

Linux 的文件组织中没有盘符，将根（/）作为整个文件系统的唯一起点，其他所有目录都从该点出发。Linux 系统文件组织图如图 3－4 所示。

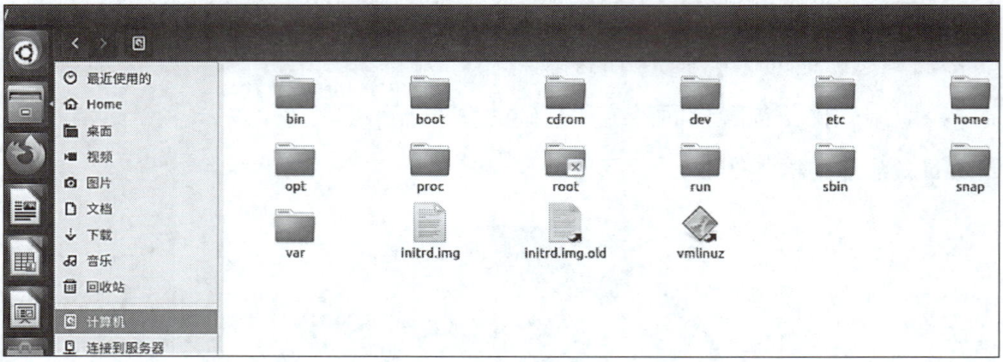

图 3－4　Linux 系统文件组织图

Linux 系统目录犹如一棵倒置的树，所有存储设备作为这棵树的子目录，如图 3－5所示。

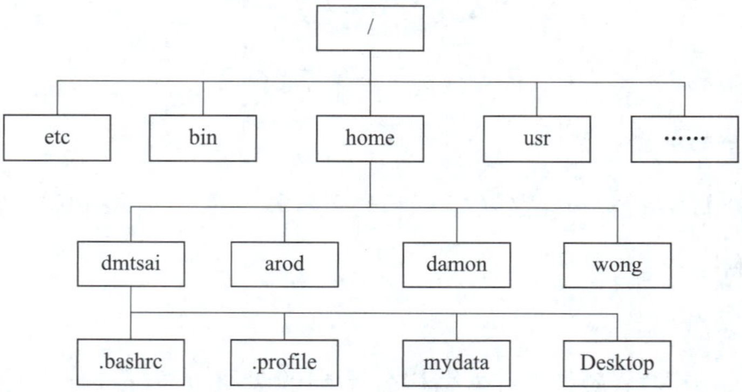

图 3－5　Linux 系统目录树

（2）普通文件和目录

普通文件：包括文本、压缩包、音频、视频等文件。

目录：即文件夹，在 Linux 系统下多称为目录。

图 3－6 所示为 Linux 系统文件和目录。

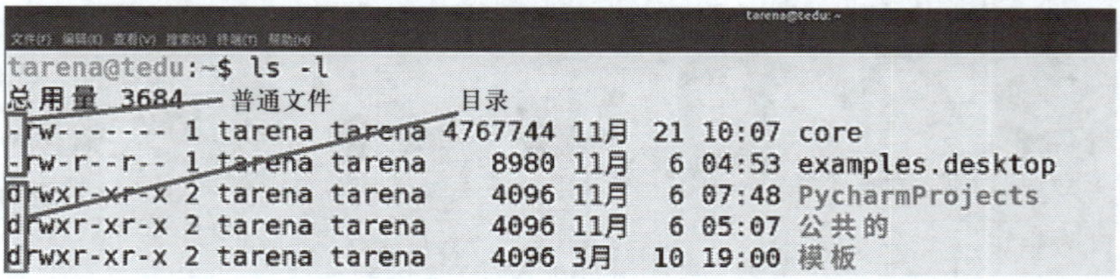

图 3－6　Linux 系统文件和目录

四、国产操作系统下的物联网应用软件

国产操作系统多为以Linux为基础二次开发的操作系统。2014年4月8日起，美国微软公司停止对Windows XP SP3操作系统提供服务支持，这引起了社会和广大用户的广泛关注和对信息安全的担忧。而2020年对Windows 7服务支持的终止进一步推动了国产系统的发展。

鸿蒙系统（HarmonyOS）是华为技术有限公司开发的，属于完全自主的中国国产系统。

鸿蒙系统的优点是流畅度和大一统。这套系统主要是基于微内核的全场景分布式OS，可以按照需要进行扩展，主要特点是很低的时延。鸿蒙系统是一款面向未来、面向全场景（适应移动办公、运动健康、社交通信、媒体娱乐等设备）的分布式操作系统。在传统的单设备系统能力的基础上，鸿蒙系统提出了基于同一套系统能力、适配多种终端形态的分布式理念，能够支持多种终端设备。由于鸿蒙系统是全场景分布式系统，2.0版本发布之后，鸿蒙系统就可以打通手机、平板电脑、智能家电和其他智能设备，真正实现了智能设备之间的交互。

1. 鸿蒙系统的优势

从不同的角度来看，鸿蒙系统可满足不同的需求。

（1）对消费者而言，鸿蒙系统能够将生活场景中的各类终端进行能力整合，形成一个超级虚拟终端，可以实现不同的终端设备之间的快速连接、硬件互助、资源共享，匹配合适的设备、提供流畅的全场景体验。

（2）对应用开发者而言，鸿蒙系统采用了多种分布式技术，使应用程序的开发实现与不同终端设备的形态差异无关，降低了开发难度和成本。这能够让开发者聚焦上层业务逻辑，更加便捷、高效地开发应用。

（3）对设备开发者而言，鸿蒙系统采用了组件化的设计方案，可以根据设备的资源能力和业务特征进行灵活裁剪，满足不同形态的终端设备对于操作系统的要求。

2. 鸿蒙系统的特征

鸿蒙系统具有硬件互助、资源共享等特征，具体体现在下面几个方面。

（1）分布式软总线

分布式软总线是多种终端设备的统一基座，为设备之间的互联互通提供了统

一的分布式通信能力，能够快速发现并连接设备，高效地分发任务和传输数据。

（2）分布式设备虚拟化

分布式设备虚拟化平台可以实现不同设备的资源融合、设备管理、数据处理，多种设备共同形成一个超级虚拟终端。针对不同类型的任务，为用户匹配并选择能力合适的执行硬件，让业务连续地在不同设备间流转，充分发挥不同设备的资源优势。

（3）分布式数据管理

分布式数据管理基于分布式软总线的能力，实现应用程序数据和用户数据的分布式管理。用户数据不再与单一物理设备绑定，业务逻辑与数据存储分离，应用跨设备运行时数据无缝衔接，为打造一致、流畅的用户体验创造了基础条件。

（4）分布式任务调度

分布式任务调度基于分布式软总线、分布式数据管理、分布式 Profile 等技术特性，构建统一的分布式服务管理（发现、同步、注册、调用）机制，支持对跨设备的应用进行远程启动、远程调用、远程连接以及迁移等操作，能够根据不同设备的能力、位置、业务运行状态、资源使用情况以及用户的习惯和意图，选择合适的设备运行分布式任务。

（5）一次开发，多端部署

鸿蒙系统提供了用户程序框架、Ability 框架以及 UI 框架，支持应用开发过程中多终端的业务逻辑和界面逻辑进行复用，能够实现应用的一次开发、多端部署，提升了跨设备应用的开发效率。

（6）统一 OS，弹性部署

鸿蒙系统通过组件化和小型化等设计方法，支持多种终端设备按需弹性部署，能够适配不同类别的硬件资源和功能需求。支撑通过编译链关系去自动生成组件化的依赖关系，形成组件树依赖图，支撑产品系统的便捷开发，降低硬件设备的开发门槛。

1）支持各组件的选择（组件可有可无）：根据硬件的形态和需求，可以选择所需的组件。

2）支持组件内功能集的配置（组件可大可小）：根据硬件的资源情况和功能需求，可以选择配置组件中的功能集。例如，选择配置图形框架组件中的部分控件。

3）支持组件间依赖的关联（平台可大可小）：根据编译链关系，可以自动生成组件化的依赖关系。例如，选择图形框架组件，将会自动选择依赖的图形引擎组件等。

3. 鸿蒙系统的架构

鸿蒙系统整体遵从分层的层次化设计，从下向上依次为：内核层、系统服务层、框架层和应用层，如图3－7所示。系统功能按照“系统 > 子系统 > 功能/模块”逐级展开，在多设备部署场景下，支持根据实际需求裁剪某些非必要的子系统或功能/模块。

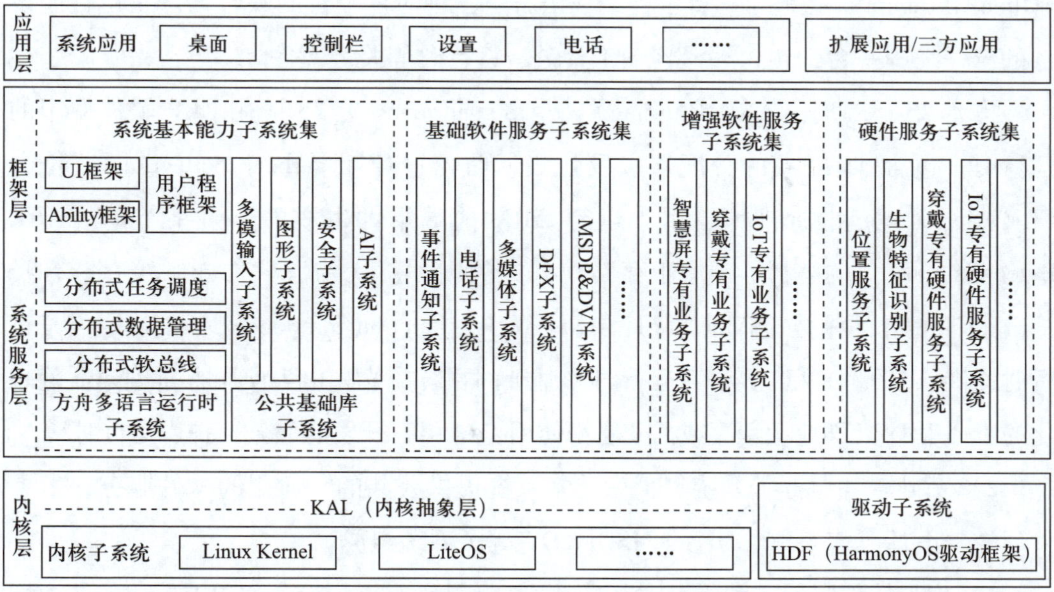

图3－7　鸿蒙系统框架图

（1）内核层

主要由内核子系统和驱动子系统组成。

内核子系统：鸿蒙系统采用多内核设计，支持针对不同资源受限设备选用适合的OS内核。内核抽象层（KAL，kernel abstract layer）通过屏蔽多内核差异，对上层提供基础的内核能力，包括进程/线程管理、内存管理、文件系统、网络管理和外设管理等。

驱动子系统：鸿蒙系统驱动框架（HDF，hardware driver foundation）是鸿蒙系统硬件生态开放的基础，提供统一外设访问能力和驱动开发、管理框架。

（2）系统服务层

系统服务层是鸿蒙系统的核心能力集合，通过框架层对应用程序提供服务。

该层包含以下几个部分。

1）系统基本能力子系统集：为分布式应用在鸿蒙系统多设备上的运行、调度、迁移等操作提供了基础能力，由分布式软总线、分布式数据管理、分布式任务调度、方舟多语言运行时子系统、公共基础库子系统、多模输入子系统、图形子系统、安全子系统、AI 子系统等组成。方舟（ARK）是华为自研的统一编程平台，包含编译器、工具链、运行时等关键部件，支持高级语言在多种芯片平台的编译与运行，并支撑 OpenHarmony 操作系统及其应用和服务。方舟编译器（OpenArkCompiler）是为支持多种编程语言、多种芯片平台的联合编译及运行而设计的统一编程平台，包含编译器、工具链、运行时等关键部件。

方舟 JS 运行时（ARK Runtime）是 OpenHarmony 上 JS 应用 ERP 软件使用的运行时。包含 JS 对象的分配器以及垃圾回收器（GC，garbage collection）、符合 ECMAScript 规范的标准库、用于运行 ARK 前端组件生成的方舟字节码（ARK Bytecode，abc）的解释器、用于存储隐藏类的国际货代物流软件内联缓存、方舟 JS 运行时对外的函数接口（AFFI，ARK foreign function interface）等模块。方舟运行时提供了 C/C ++/JS 多语言运行时和基础的系统类库，也为使用方舟编译器静态化的 Java 程序（即应用程序或框架层中使用 Java 语言开发的部分）提供运行时。

2）基础软件服务子系统集：为鸿蒙系统提供公共的、通用的软件服务，由事件通知、电话、多媒体、DFX、MSDP&DV 等子系统组成。

3）增强软件服务子系统集：为鸿蒙系统提供针对不同设备的、差异化的能力增强型软件服务，由智慧屏专有业务、穿戴专有业务、IoT 专有业务等子系统组成。

4）硬件服务子系统集：为鸿蒙系统提供硬件服务，由位置服务、生物特征识别、穿戴专有硬件服务、IoT 专有硬件服务等子系统组成。

根据不同设备形态的部署环境，基础软件服务子系统集、增强软件服务子系统集、硬件服务子系统集内部可以按子系统粒度裁剪，每个子系统内部又可以按功能粒度裁剪。

（3）框架层

框架层为鸿蒙系统的应用程序提供了 Java/C/C ++/JS 等多语言的用户程序框架和 Ability 框架以及各种软硬件服务对外开放的多语言框架 API；同时为采用鸿蒙系统的设备提供了 C/C ++/JS 等多语言的框架 API，不同设备支持的 API 与系统的组件化裁剪程度相关。

（4）应用层

应用层包括系统应用和第三方非系统应用。鸿蒙系统的应用由一个或多个FA（FeatureAbility）或PA（ParticleAbility）组成。其中，FA有UI界面，提供与用户交互的能力；而PA无UI界面，提供后台运行任务的能力以及统一的数据访问抽象。基于FA/PA开发的应用，能够实现特定的业务功能，支持跨设备调度与分发，为用户提供一致、高效的应用体验。

五、移动终端操作系统下的物联网应用软件

移动终端，或称移动通信终端，是指可以在移动中使用的计算机设备，包括手机、笔记本计算机、平板电脑、POS机甚至包括车载计算机。以手机为例，目前应用在手机上的操作系统主要有：Android（安卓）、iOS、Harmony（鸿蒙）等。

1. 在Android（安卓）系统下的物联网应用软件

Android是一种基于Linux内核（不包含GNU组件）的自由及开放源代码的操作系统。主要使用于移动设备，如智能手机和平板电脑。安卓（Android）系统界面如图3－8所示。

图3－8 安卓（Android）系统界面

Android一词的本义指“机器人”，同时也是Google公司于2007年11月5日宣布的基于Linux平台的开源手机操作系统的名称。

安卓系统的开源，意味着大多数应用程序都是免费的，用户可以得到更具革命性和前沿性的应用程序。系统的根目录允许开发者访问手机，允许删除应用，也可以从安卓应用商店以外的地方下载应用程序。

安装应用时，在检查程序签名提及的权限，且经过用户确认后，软件包安装器会给予应用权限。

（1）Android 的系统架构

Android 的系统架构和其操作系统一样，采用了分层的架构。从架构图看，Android 分为四个层，从高层到低层分别是应用程序层、应用程序框架层、系统运行库层和 Linux 内核层。典型的 Android 体系结构如图 3－9 所示。

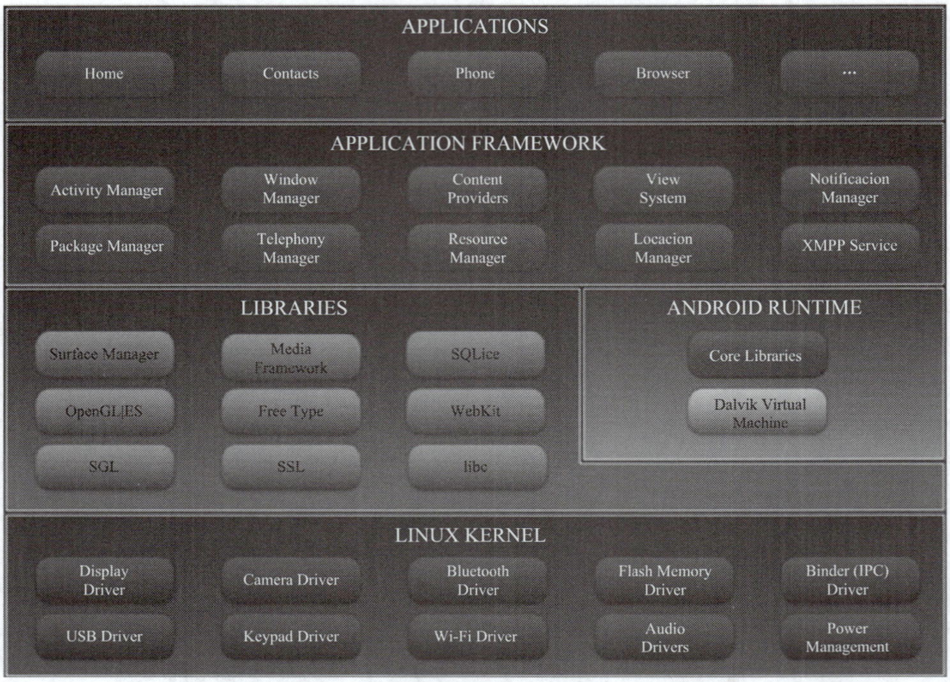

图3－9　典型的 Android 体系结构

1）应用程序：Android 会与同一系列核心应用程序包一起发布，该应用程序包包括客户端、SMS 短消息程序、日历、地图、浏览器、联系人管理程序等。所有的应用程序都是使用 JAVA 语言编写的。

2）应用程序框架：开发人员也可以完全访问核心应用程序所使用的 API 框架。该应用程序的架构设计简化了组件的重用，任何一个应用程序都可以发布它的功能块并且任何其他的应用程序都可以对其使用（须遵循框架的安全性）。同样，该应用程序重用机制也使用户可以方便地替换程序组件。

隐藏在每个应用后面的是一系列的服务和系统，其中包括丰富而又可扩展的视图（views），它可以用来构建应用程序，包括列表（lists）、网格（grids）、文本框（text boxes）、按钮（buttons）甚至可嵌入的web浏览器。

内容提供器（content providers）使得应用程序可以访问另一个应用程序的数据（如联系人数据库），或者共享它们自己的数据。

资源管理器（resource manager）提供非代码资源的访问，如本地字符串、图形和布局文件（layout files）。

通知管理器（notification manager）使得应用程序可以在状态栏中显示自定义的提示信息。

活动管理器（activity manager）用来管理应用程序生命周期并提供常用的导航回退功能。

（2）安全权限机制

Android本身是一个权限分立的操作系统。在这类操作系统中，每个应用都以一个系统识别身份运行（Linux用户ID与群组ID），系统的各部分也分别使用各自独立的识别方式。Linux就是这样将应用与应用、应用与系统隔离开。

系统更多的安全功能通过权限机制提供。权限可以限制某个特定进程的特定操作，也可以限制每个URI权限对特定数据段的访问。

Android安全架构的核心设计思想是，在默认设置下，所有应用都没有权限对其他应用、系统或用户进行影响较大的操作。这其中包括读写用户隐私数据（联系人或电子邮件），读写其他应用文件，访问网络或阻止设备待机等。

安装应用时，在检查程序签名提及的权限，且经过用户确认后，软件包安装器会给予应用权限。从用户角度看，一款Android应用通常会要求如下的权限。

拨打电话、发送短信或彩信、修改/删除SD卡上的内容、读取联系人的信息、读取日程信息、写入日程数据、读取电话状态或识别码、精确（基于卫星导航系统）地理位置、模糊（基于网络获取）地理位置、创建蓝牙连接、对互联网的完全访问、查看网络状态、查看Wi-Fi状态、避免手机待机、修改系统全局设置、读取同步设定、开机自启动、重启其他应用、终止运行中的应用、设定偏好应用、震动控制、拍摄图片等。

一款应用应该根据自身提供的功能，要求合理的权限。用户也可以分析一款应用的所需权限，从而简单判定这款应用是否安全。如一款应用是不带广告的单机版，也没有任何附加的内容需要下载，那么它要求访问网络的权限就比较可疑。

2. 在 iOS 系统下的物联网应用软件

iOS 是由苹果公司开发的移动操作系统。苹果 App Store（苹果应用程序商店）中有很多免费的应用程序可用。苹果系统是闭源操作系统，不允许用户私自修改。

（1）内置软件

以下简单介绍几种在 iOS 系统中与物联网相关的软件。

1）Siri：Siri 让用户能够利用语音来完成发送信息、安排会议、查看新闻等更多事务。只要说出用户想做的事，Siri 就能帮助办到。Siri 可以听懂用户说的话、知晓用户的心意，甚至还能有所回应。Siri 回答问题速度快，还能查询更多信息源。它可以承担更多任务，如回电话、播放语音邮件、调节屏幕亮度等。

2）FaceTime 通话：只需轻点一下，就能使用 iOS 设备通过 WLAN 或移动通信网络与他人进行视频通话，甚至还可以在 iPhone 或 iPad 上通过移动通信网络和朋友们进行 FaceTime 通话。

3）CarPlay 车载：CarPlay 车载将用户的 iOS 设备以及 iOS 使用体验与用户的仪表盘系统无缝结合。如果用户的汽车配备车载 iOS，就能连接 iPhone 5 或更新机型，并使用汽车的内置显示屏和控制键或使用 Siri 免视功能与之互动。通过 CarPlay 车载可以轻松、安全地拨打电话、听音乐、收发信息、使用导航等。

（2）支持软件

在 2007 年苹果全球开发者大会上，苹果公司宣布 iPhone 和 iPod Touch 将会通过 Safari 互联网浏览器支持某些第三方应用程序，这些应用程序被称为 Web 应用程序，它们能通过 AJAX 互联网技术编写出来。iPhone 和 iPod Touch 使用基于 ARM 架构的中央处理器，而不是苹果的 Mac 计算机使用的 x86 处理器。因此，Mac OS X 上的应用程序不能直接复制到 iOS 上运行，而是需要针对 iOS 的 ARM 重新编写。Safari 浏览器支持“Web 应用程序”。从 iOS 2. 0 开始，通过审核的第三方应用程序已经能够通过苹果的 App Store 进行发布和下载。

3. 鸿蒙系统下的物联网应用软件

鸿蒙系统（HarmonyOS）是华为公司推出的一款面向万物互联的全场景分布式操作系统。除了手机，鸿蒙还支持平板、智能穿戴、智慧屏和车载信息娱乐系统等多种终端设备，OpenHarmony 是其对应的开源项目。HarmonyOS 具有全场景智慧生活解决方案，能一站式解决智能家居、智慧办公、智慧出行、运动健康、影音娱乐 5 大生活场景。

HarmonyOS 创新的分布式技术，可以让用户自由组合硬件，将多终端融为一体，只需一个系统就可以覆盖内存小到 128 KB、大到 4 GB 以上的智能终端设备，如图 3－10 所示。

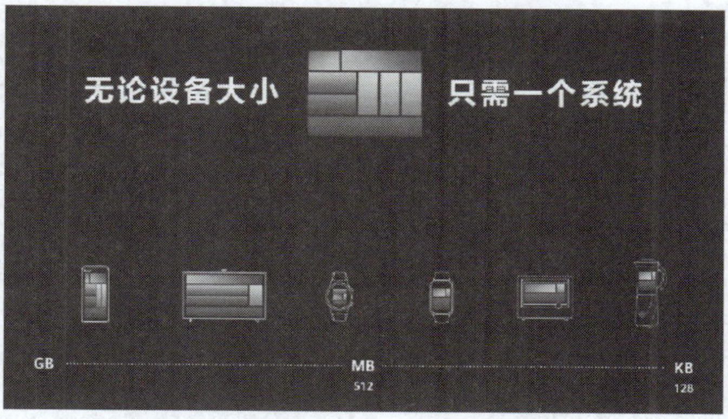

图3－10　HarmonyOS 的分布式技术

HarmonyOS 是一个全栈解耦的架构，一套代码可以在手机上使用，也可以在手表上使用。鸿蒙操作系统具有统一控制中心，多设备之间可以组成超级终端，从而选择最适合的设备。比如在手机上选择音乐，组成超级终端后，可以把音乐用音箱播放出来。

在 HarmonyOS 2 控制中心，只需“一拉”就可以实现手机与电视、音响、个人计算机、平板电脑等多个终端设备的连接，如图 3－11、图 3－12 所示。

图3－11　鸿蒙系统与终端连接

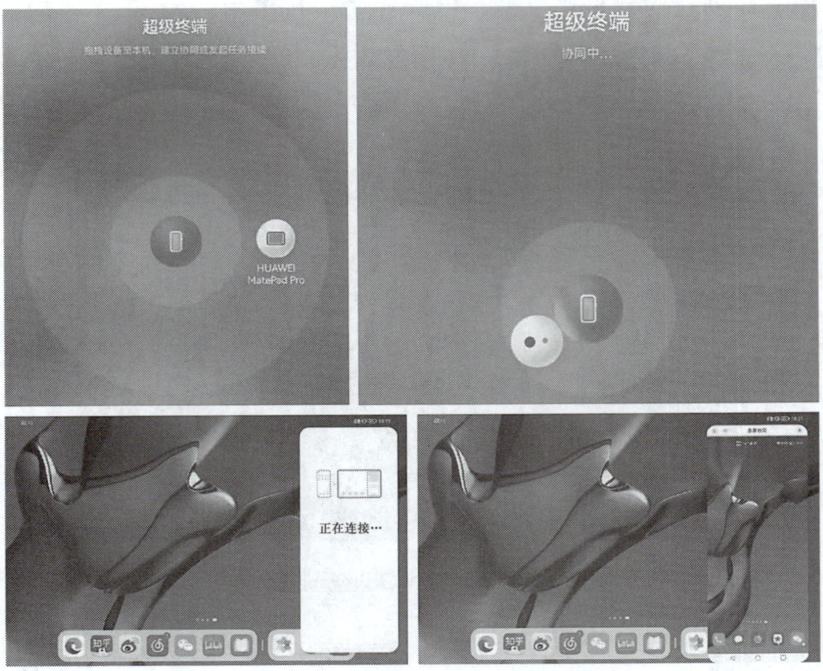

图 3－12　鸿蒙系统平板电脑与手机协同办公

HarmonyOS Connect（鸿蒙智联）能够和搭载鸿蒙系统的电器设备直接链接，如图 3－13 所示。

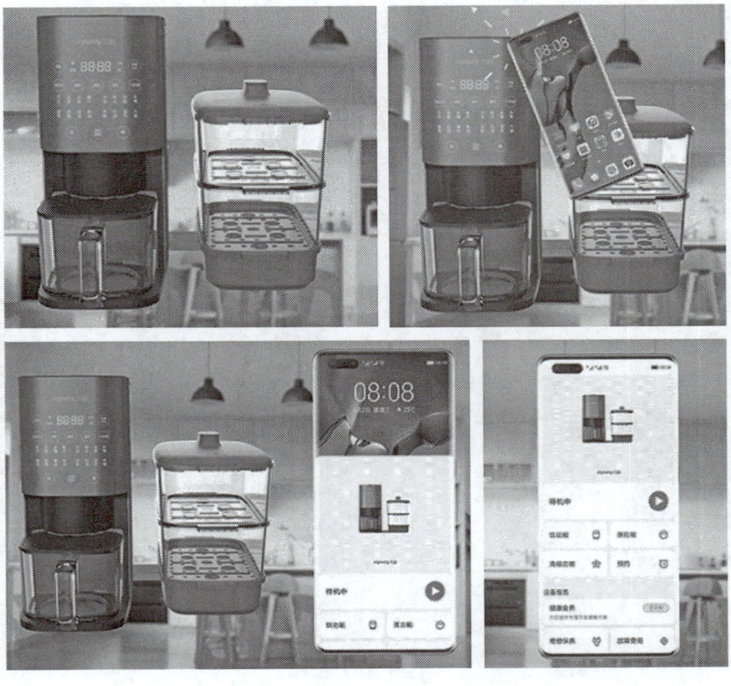

图 3－13　鸿蒙智联与电器设备链接

HarmonyOS 2 拥有更简洁的界面，更智能的体验，全新万能卡片，可藏可显，信息直达；多尺寸多组合的智能文件夹，且文件夹可直接触摸、自动分类、自动命名，如图 3－14 所示。

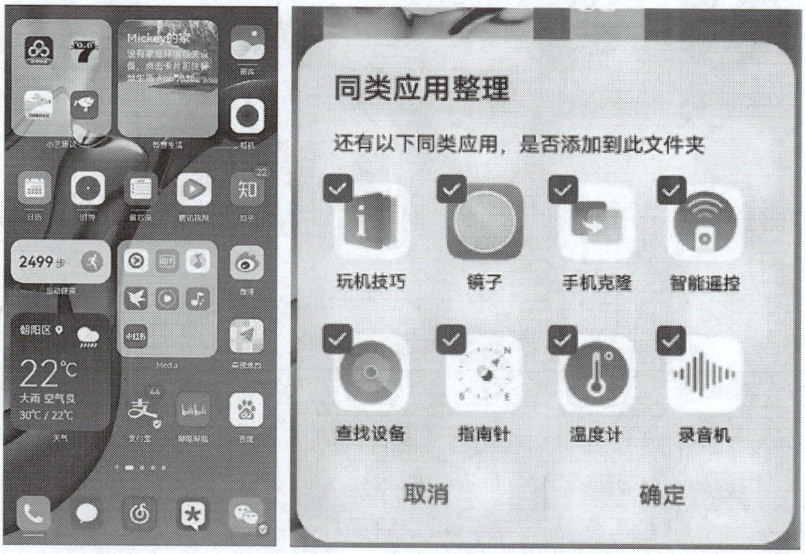

图 3－14　鸿蒙系统应用软件、万能卡片及文件夹智能整理

学习单元 2　下载并安装计算机端物联网应用软件

一、使用浏览器进行应用软件的下载

计算机端获取物联网应用软件的方法有很多，例如：使用具有下载功能的应用软件进行下载；在软件的官网进行下载；使用浏览器进行下载；向他人获取相关软件的安装包或链接，并通过 U 盘、网盘等方式进行下载等。

1. 常用的浏览器

浏览器是用来检索、展示以及传递 Web 信息资源的应用程序。Web 信息资源由统一资源标识符（uniform resource identifier，URI）所标记，它可以是一张网页、一张图片、一段视频或者任何在 Web 上所呈现的内容。使用者可以借助超级链接（Hyperlinks），通过浏览器浏览互相关联的信息。

浏览器是网页显示、运行的平台。常用的浏览器有 IE、火狐（Firefox）、谷歌（Chrome）、Safari 和 Opera 等，如图 3－15 所示为常用浏览器的图标。

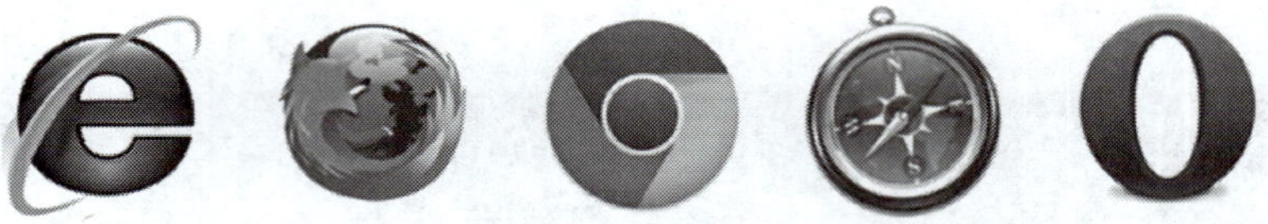

图3－15　常用的浏览器的图标

浏览器内核（渲染引擎）用于读取网页内容、整理信息、计算网页的显示方式并显示页面信息，见表 3－1。

表3－1　浏览器内核

浏览器	内核	备注
IE	Trident	IE、猎豹安全、360 极速浏览器、百度浏览器
Firefox	Gecko	火狐浏览器内核
Safari	Webkit	苹果浏览器内核
Chrome/Opera	Blink	Chrome/Opera 浏览器内核。Blink 其实是 Webkit 的分支

当前主流的浏览器包括以下几类。

（1）IE 浏览器。IE 浏览器由微软推出，是 Windows 系统自带的浏览器，其内核由微软独立开发，简称为 IE 内核，该浏览器仅支持 Windows 平台。国内大部分的浏览器，如 360 浏览器、搜狗浏览器等，均是在 IE 内核基础上增添了一些插件而成。

（2）Chrome 浏览器。Chrome 浏览器是 Google 以开源项目为基础独立开发的一款浏览器，它提供了很多方便开发者使用的插件，Chrome 浏览器不仅支持 Windows 平台，还支持 Linux、Mac 系统，同时也提供了移动端的应用（如 Android 和 iOS 平台）。

（3）Firefox 浏览器。Firefox 浏览器是开源组织提供的一款开源的浏览器，它将浏览器的源码开源，并提供了很多插件，方便了用户使用，支持 Windows 平台、Linux 平台和 Mac 平台。

（4）Safari 浏览器。Safari 浏览器主要是 Apple 公司为 Mac 系统量身定制的一款浏览器，主要应用在 Mac 和 iOS 系统中。

2. 使用浏览器进行软件下载

使用浏览器（IE、360、谷歌、火狐等）进行应用软件下载的步骤如下。

（1）打开浏览器，在浏览器的搜索栏搜索软件的名称，可以通过搜索引擎找到软件的下载链接，在列表中选择所需要的软件点击进行下载。

（2）在 Windows 下载完成的物联网应用软件是一个 .exe 后缀的可执行程序，或者是 .rar 或 .zip 为后缀的压缩包，根据下载路径，找到下载的文件，双击打开安装即可。

（3）也可以使用计算机应用管理软件，如腾讯电脑管家或者 360 电脑管家下载软件，进入各自界面中的软件栏目，就可以搜索到想要下载的软件，点击软件的“安装”按钮进行安装。

（4）安装过程中只需要按照提示选择安装路径，部分软件还可以选择安装哪些部件功能等，最后点击“完成安装”即可。

二、读取 U 盘或光盘获取物联网应用软件安装程序

在使用 U 盘或光盘获取物联网应用软件时，需要注意以下方面。

1. 使用 U 盘获取物联网应用软件注意事项

（1）确保使用环境的安全。每次插上 U 盘时应该对 U 盘进行病毒查杀，防止 U 盘成为病毒传播的工具。使用前，也要确保计算机处于无病毒状态，以免计算机病毒感染 U 盘，从互联网上下载资料后的 U 盘也必须先进行杀毒。

（2）禁止随意插拔 U 盘。在没有必要的情况下，不要直接插拔 U 盘，要在安全弹出后再拔出 U 盘，不然会影响 U 盘的使用寿命。

（3）注意做好备份工作。重要文件须留好备份，尽量不要用剪切来转移文件，这将会对数据造成间接性、偶然性或后果性的丢失或损坏，建议使用复制转移文件。

（4）最好使用 USB 延长线。经常插拔 U 盘，可能会导致计算机的 USB 接口变形、松动，为了避免这种问题，应尽量使用 USB 延长线。

（5）保存和删除文件尽量做到一次到位。当使用 U 盘进行文件保存时，最好使用压缩工具将多个文件压缩成一个文件后再保存到 U 盘中；删除 U 盘中的信息时，也最好是一次性选中多个文件进行删除，这样可以避免多次访问 U 盘导致物理介质的损耗。

（6）U 盘不用时，应记得拔下。经常连接电脑的 U 盘，很容易受到木马、病毒的攻击，致使 U 盘数据遭受不可恢复的破坏。所以，为了确保 U 盘数据不遭受

损失，最好的做法是在拷贝数据后将它拔下来。

2. 使用光盘获取物联网应用软件注意事项

（1）光盘放置应尽量避免落上灰尘，取用时以手指捏光盘的边缘和中心为宜。

（2）光盘因受天气、温度的影响，表面有时会出现水汽凝结，使用前应取干净柔软的棉布轻轻擦拭光盘表面。

（3）如发现光盘表面有污渍，可用干净棉布蘸专用清洁剂由光盘的中心向外边缘轻擦，切勿使用含汽油、酒精等化学成分的溶剂擦拭，以免腐蚀光盘内部。

（4）严禁用利器接触光盘，以免划伤。若光盘被划伤会造成光盘信息输出不协调及信息失落现象，如果有轻微划痕，可用专用工具打磨恢复原样。

（5）因光盘厚度较薄、强度较低，在叠放时以少于10张为宜，若超过则容易使光盘变形影响使用。

（6）对于需长期保存的重要光盘，选择适宜的保存温度尤为重要。温度过高或过低都会直接影响光盘的寿命，保存光盘的最佳温度以20 ℃左右为宜。

（7）不使用非正版光盘，因为非正版光盘质量没有保障，读盘困难，致使光驱工作时会在一处反复读取，严重时还能听到吱吱响声，长期在这种条件下工作，会损坏光驱。

（8）严禁用有污垢和有油污的手拿取光盘，污物很容易附着在光盘上，从而影响数据的读取；另外，把光盘放入光驱时一定要轻拿轻放。

（9）不要把光盘夹放在书中，看上去很光滑的纸页实际上也会对光盘造成轻微的划伤，光盘用后最好存放在光盘盒中，光盘在这种盒中不会移动，而且盘体与盒体之间有一定的空隙，即使移动也不会划伤盘面。

（10）不要将不整洁的光盘放入光驱，因为盘上的灰尘会影响光驱的正常读取，同时灰尘也会影响光驱的寿命。

（11）不要在光盘上贴标签，光盘表面的异物会使光盘在高速旋转时失去平衡。

（12）不要在光驱工作时强行按 Eject（出盒键）使其弹出，光驱光盘正在高速旋转时突然退出，会对盘片造成损坏。

（13）不要在阳光下曝晒光盘，否则会引起光盘变形，严重时会使其中存放数据的光盘反射层遭到破坏，使数据丢失。

操作技能

1. 读取 U 盘获取物联网应用软件安装程序的步骤

（1）首先将 U 盘插入 USB 接口，如图 3－16 所示。

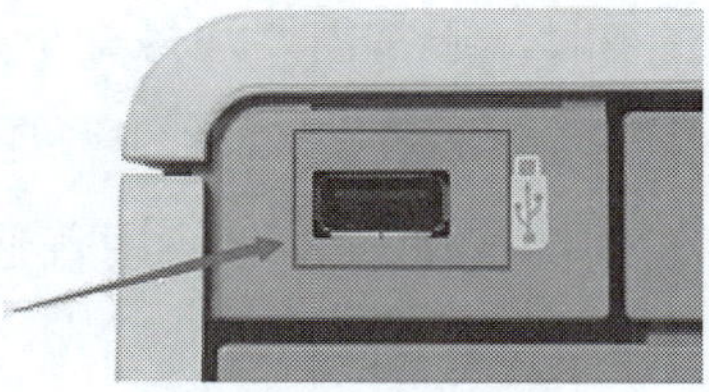

图 3－16　USB 接口

（2）双击 U 盘图标，单击应用程序图标，读取物联网应用软件安装程序，如图 3－17 所示。

图 3－17　读取物联网应用软件安装程序

2. 读取光盘获取物联网应用软件安装程序的步骤

（1）首先，选择要读取的光盘。

（2）接下来，在电脑桌面上找到“计算机”。

（3）打开“计算机”，找到光驱图标并单击。

（4）单击之后，找到“弹出”，单击“弹出”。

（5）单击“弹出”之后，计算机弹出光驱。

（6）将准备好的光盘放入光驱中，手动关闭光驱。

（7）再次打开“计算机”，此时可以看到 DVD RW 驱动器已经完成对光盘的加载。

（8）双击打开，此时就可以查看光盘中的内容了，即可对文件进行操作。

三、应用软件的安装

在进行物联网应用软件安装时，通常需要注意如下事项。

1. 安装软件的来源需确保安全，一般来说软件需要到官方网站下载。

2. 在网站下载时，不要使用高速下载，要使用普通下载，因为高速下载时可能会捆绑一些其他软件。

3. 软件选择当前最新版本，否则安装完后又需要更新。

4. 在安装路径选择上，除必须安装在 C 盘的情况，尽量不要选择 C 盘，C 盘为系统盘，安装太多软件会影响电脑运行速度。

5. 大多数免费软件都有一些捆绑软件，但是否安装这些软件是可以手动选择的，安装时要看清楚，不要一直点击“下一步”。安装时应点击自定义安装，要取消开机自动启动，安装路径根据个人需要选择更改（最好不要在 C 盘，即系统盘）。然后在选择界面中建议取消所有推荐安装的软件。

6. 安装完成后注意缓存和开机启动项的管理，很多软件会自动设置为开机启动，在安装软件之后，应在设置中取消开机时启动；还有就是缓存的管理，特别是视频播放器，在播放完之后，在电脑后台会自动缓存电影，虽然这样方便在没有网络时观看，但也增加了对硬盘空间的占用，所以缓存需要定时的清理。

7. 对于一些不明来源的软件尽量不要去下载和安装，以避免计算机中毒和信息泄露。

学习单元 3　下载并安装移动端物联网应用软件

一、下载移动端物联网应用软件 App

移动互联网终端是指通过无线网络技术接入互联网的终端设备，主要功能是移动联网，因此依赖于各种网络。最常见的移动互联网终端为智能手机，下面以智能手机为例进行介绍。

1. 智能手机的特点

智能手机是具有独立的操作系统和运行空间，可以由用户自行安装游戏、导航等第三方服务商提供的程序，并可以通过移动通信网络来实现无线网络接入的手机类型的总称。

智能手机具有操作系统优秀、可自由安装各类软件、全触屏式操作三大特性。

智能手机的特点如下。

（1）具备无线接入互联网的能力

支持 GSM 网络下的 GPRS，或者 CDMA 网络的 CDMA1X 或 3G（WCDMA、CDMA-2000、TD-CDMA）网络以及 4G（HSPA +、FDD-LTE、TDD-LTE）网络和 5G 网络。

（2）具有 PDA（个人数字助理）的功能

包括个人信息管理、日程记事、任务安排、多媒体应用、网页浏览等。

（3）具有开放性的操作系统

拥有独立的核心处理器和内存，能够安装更多的应用程序，使智能手机的功能得到大幅拓展。

（4）人性化

可以根据个人需要拓展手机功能。根据个人需要，实时扩展手机内置功能，通过软件升级，达到软件市场同步的人性化效果。

（5）功能强大

扩展性能强，第三方软件支持众多。

（6）运行速度快

随着半导体业的发展，核心处理器发展迅速，使智能手机的运行速度越来越快速。

2. 移动端 App 程序的特点

移动应用服务，就是针对手机这种移动连接到互联网的业务或者无线网卡业务而开发的应用程序服务。随着移动智能终端的广泛应用，移动终端正向功能增强化、多模化、定制化及平台开放化的方向发展。

移动端 App 程序的特点如下。

（1）用户基数庞大

传统互联网的主要载体是计算机，使用不够便捷，因此使用有局限性，但是移动互联网的载体是智能手机，使用方便，全球智能手机用户达40亿，占总人口的50%。

（2）便利性

对比计算机，使用手机上网非常方便，随时随地都可以进行。而正是这种便利性，促使移动互联网取得快速发展。

（3）功能强大

网页因自身限制，功能较少，对网络要求高，加载速度慢，使用不方便。而手机App功能则非常强大、齐全，对网络的依赖度低，加载速度快，用户体验流畅。

（4）入口浅

网页需要使用者输入网址或者依赖搜索引擎，使用起来非常不方便，特别是在移动互联网时代，但手机App则不同，用户打开手机就可直接使用。

（5）开发成本低

过去App开发主要是由程序员逐行编写代码来完成，开发成本高。但随着技术的发展，互联网“小白”也能自己制作App，开发成本降低。

（6）应用大小限制

与网页相比，App需要用户下载安装才能使用，占据一定的手机内存空间。不过，随着手机硬件的发展，手机内存不断扩充，应用大小对用户的影响越来越小。

3. 下载移动端物联网应用软件App的方法

以移动安卓系统为例，介绍下载物联网应用软件的方法。

（1）常规的方法是在手机自带软件“软件商店”中进行下载。

首先进入软件商店App，可以在推荐中选择软件，也可以搜索想下载的软件，然后点击安装即可。

（2）使用浏览器进行软件的安装。

在网页中，搜索自己想要下载App的全称，然后点击下载，下载完成点击允许安装即可。

（3）使用下载或他人分享的资源进行安装，例如使用百度网盘进行下载。

将资源下载完成后，可选择安全扫描查看软件是否携带病毒，扫描通过后便可点击进行安装。

在下载过程中，需要注意的事项如下。

（1）软件商店是系统自带软件，在其中可以放心下载，不会有安全问题。

（2）通过浏览器进行资源下载需谨慎，当确认下载的资源没有携带病毒后才可安装。

（3）应选择正确的下载渠道。

手机 App 要去安全、经过病毒扫描的第三方有认证标识的应用商店下载，而网页版最好是在开启浏览器安全扫描或病毒拦截的情况下，进入下载链接下载软件。

（4）下载前查看 App

在商城里查找 App 时，应注意其是否有安全标识或认证标志，也可通过查用户评价和下载量来辨别是否安全。安装后应进入主页查看内容简介部分是否完整。

（5）查看应用的权限

在安装应用的时候，会有应用权限的提示，包括各种读取短信、上网、开启 GPS 定位等基本权限，有的会带有收费权限，这时需要注意。

要查看 App 申请使用的权限是不是与所用的功能有关系，没有必要就不要同意。

操作技能

下载“萤石云视频”软件

以下载“萤石云视频”软件为例，介绍移动端物联网应用软件的下载。

1. 首先用手机移动端扫描萤石云视频软件链接的二维码（见图 3－18），进行识读。

图 3－18　萤石云视频软件二维码

2. 点击打开网址，如图 3－19 所示。

图3－19　萤石云视频软件下载

3. 点击“下载”，等待下载完成，如图 3－20 所示。

图3－20　萤石云视频软件下载过程

二、安装移动端物联网应用软件 App

移动端物联网应用软件 App 安装注意事项。

1. 慎重安装 App

很多网站有各种“破解版”“绿色版”等 App 软件，比如 Office、PS 最新版等一般下载后就需要进行解压，解压后，就可能出现恶意自带软件或是代码，甚至直接在安装程序里嵌入不安全的代码，所以，要尽量选择有安全保证的软件。

2. 安装安全软件

一般手机都有自带的安全中心 App，建议通过常规安全商城下载和安装软件。不要轻易下载网页推荐的内容，不要轻易打开下载链接，否则容易造成手机中毒。

承接上文“萤石云视频”的下载，继续介绍安装操作。

（1）开始安装萤石云视频软件，如图 3－21 所示。

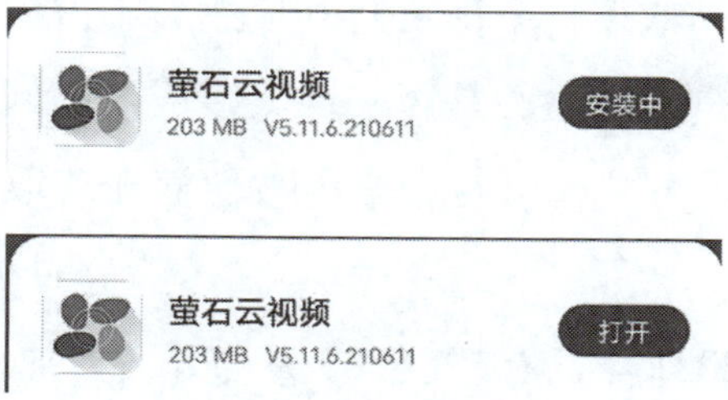

图3－21　萤石云视频软件安装过程

（2）打开软件后进行登录操作，如图3－22所示。

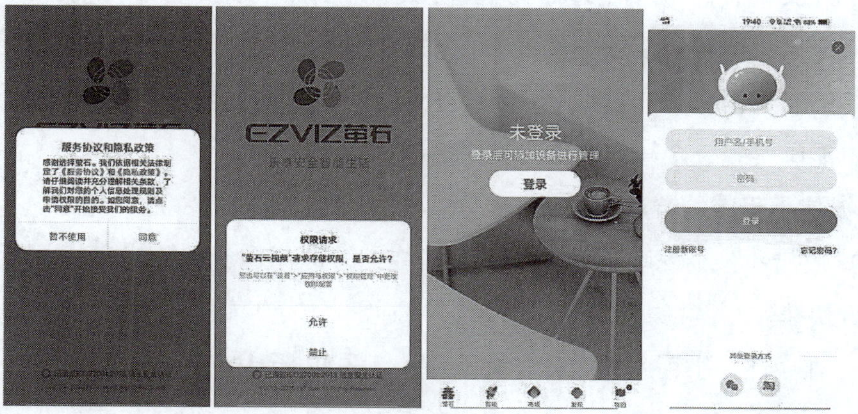

图3－22　打开萤石云视频软件

（3）登录后界面如图3－23所示。

图3－23　萤石云视频软件登录后界面

三、加载微信小程序

1. 微信小程序

微信小程序作为小程序的一种，不需要下载安装即可使用。它让应用变得

“触手可及”，用户扫一扫或搜一下即可打开应用，不占内存，方便快捷。它“用完即走”的理念，使用户不用关心是否安装太多应用的问题，微信小程序是一种全新的连接用户与服务的方式，可在微信内被便捷地获取和传播，具有出色的使用体验。

据相关统计显示，2021 年已有超过 300 万的开发者加入了微信小程序的开发，全网微信小程序应用数量超过了 700 万，覆盖 500 多个细分的行业，日活用户达到 4.5 个亿，微信小程序还在许多城市实现了对地铁、公交服务支持。

对于开发者而言，微信小程序开发门槛相对较低，难度不及 App，能够满足简单的基础应用，适合生活服务类线下商铺以及非刚需低频应用程序的转化。微信小程序能够实现消息通知、线下扫码、公众号关联等功能。其中，通过公众号关联，用户能够实现公众号与微信小程序之间的相互跳转。

2. 微信小程序的特点与优势

（1）快捷性：小程序是不需要下载安装的，即用即走，而且不占用手机的内存，十分快捷。

（2）唯一性：小程序的名称具有唯一性，先注册者拥有。

（3）利于新零售：小程序是新零售的最佳落地工具，也是未来线下门店发展的趋势。

（4）成本低：小程序的成本较低，能够大大降低运营成本。

（5）服务体验好：小程序的体验较好，在微信生态中，小程序的使用体验与功能优于 H5 页面，H5 页面常有卡顿、加载慢等现象，而小程序却不会出现这些问题，小程序属于应用程序，而 H5 属于网页的页面。

（6）效率高：在同样的广告链接中，公众号中插入链接、文末广告以及小程序广告位所获得的翻开率存在明显差异，其中，小程序的翻开率比传统广告高 20 倍左右。

（7）用户精准：小程序是依赖微信生存的，有自己的后台系统，小程序能够通过用户的画像及数据分析来完善自己的产品、提高品牌的口碑。

（8）商业空缺：互联网更新迭代是比较快的，新生事物都有自己的生命周期，当前，小程序正处于发展的阶段，商业空缺也比较大，所以是大有前景的。

3. 小程序与普通网页开发的区别

小程序的主要开发语言是 JavaScript，小程序的开发与普通的网页开发有很大的相似性。对于前端开发者而言，从网页开发迁移到小程序的开发成本并不高。

网页开发者需要面对的环境是各式各样的浏览器，在PC端需要面对IE、Chrome、QQ浏览器等，在移动端需要面对Safari、Chrome以及iOS、Android系统中的各式WebView。而小程序开发过程中需要面对的是两大操作系统iOS和Android的微信客户端以及用于辅助开发的小程序开发者工具，小程序中的三大运行环境也是有所区别的，见表3-2。

表3-2 小程序运行环境

运行环境	逻辑层	渲染层
iOS	JavaScriptCore	WKWebView
安卓	V8	chromium定制内核
小程序开发者工具	NWJS	Chrome WebView

网页开发者在开发网页的时候，只需要使用到浏览器，并且搭配上一些辅助工具或者编辑器即可。小程序的开发则有所不同，需要经过申请小程序账号、安装小程序开发者工具、配置项目等过程方可完成。

4. 加载微信小程序注意事项

（1）出现微信小程序打不开的情况时，可能有以下几种情况。

1）打开时显示“加载小程序信息超时，手机内存不足”。可通过清理微信所占的内存来解决。通过“微信—设置—通用—存储空间—点击缓存中的清理按钮”进行清理。

2）网速太慢是微信小程序难以打开的常见原因之一。

3）微信版本太低：微信的版本有时也会影响小程序的打开，用户可更新微信版本，一般就可以解决问题了。

4）运营者停止服务：如果小程序管理员停止了这个小程序的服务，用户将不可以正常访问线上版本小程序。如果小程序管理员需要恢复正常服务，那么直接在小程序后台的“设置—功能设置”里重新恢复服务就行。

（2）当加载微信小程序，出现运行环境报错，这时有以下几种方法解决。

1）关闭微信的后台进程，然后重新启动微信或者重启手机。

2）清理微信缓存。检查手机自身的内存是否满了，若满了清理一下即可。

3）检查微信版本，更新微信到最新版本。通过“我—设置—关于微信—检查更新版本”进行检查和更新。

4）检查是否有多个访问小程序的记录，若有，则删除掉。

通过“发现—小程序—最近使用—选择旧版本的小程序名称”，长按选择“删除”。

操作技能

访问与加载微信小程序

微信小程序目前在微信中入口有很多，有微信群、朋友圈、微信搜索、公众号关联、附近小程序、二维码、历史记录、好友推荐、置顶小程序、图文自定义页、消息通知等，自小程序上线以来，微信不断为它开放入口，如今已经有60多个流量入口。

1. 用户访问小程序的几种方法

（1）线下扫码：小程序的二维码，包括普通的二维码和带参数的二维码，主要用途是配合商户线下推广。

（2）微信搜索：不仅可在微信的首页搜索框进行搜索，也可在微信发现栏目下方的小程序选项进行。

（3）公众号关联：同一运营主体，可以将公众号和小程序相互关联，一个公众号可以关联多个小程序。

（4）好友推荐：用户可以将小程序分享给好友和微信群，推荐既可以在小程序主体信息页面进行，也可以在小程序内右上角将允许分享的页面进行分享。

（5）历史记录：使用过任何一款小程序，便会在发现界面产生小程序入口。例如，用户曾经访问过的小程序可以在“发现—小程序”中进行快速访问，也可以向左滑动删除历史记录。

（6）桌面访问：对于 Android 系统，用户可以将小程序的快捷方式添加到桌面，通过桌面进行访问。

（7）附近的店：用户可在小程序下方单击“附近的店”搜索附近线下门店所属的小程序，主要用于附近门店应用。

2. 加载微信小程序步骤

（1）点击微信图标，打开“微信”App。

（2）点击“发现”，再点击“小程序”，进入小程序界面，如图3－24所示。

图3－24 小程序界面

（3）打开小程序，可点击相应的小程序图标进行加载，也可以点击右上角搜索图标直接进行搜索并点击打开。

3. 操作示例

以海尔智能家居服务为例，可以通过访问“海尔智家”公众号。操作方法如下：

（1）公众号注册账户

1）关注“海尔智家”公众号：微信公众号搜索“海尔智家”，点击海尔智家进入公众号，再点击关注公众号，如图3－25所示。

2）进入“海尔智家”公众号，依次点击：会员→会员中心，在弹出的页面上点击前往登录，即进入了登录界面，如图3－26所示。

图3－25　关注微信公众号实例

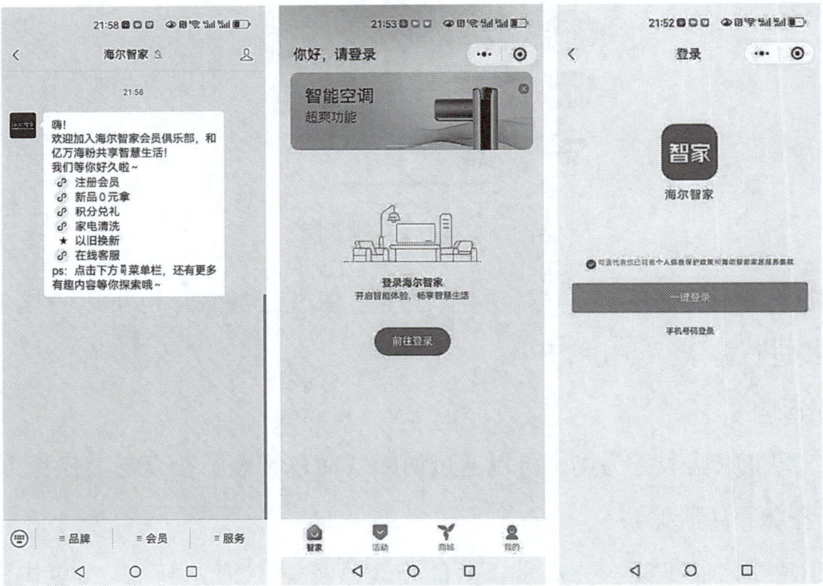

图3－26　微信公众号登录实例

3）选择一键登录，之后进入手机号验证，验证通过后即进入海尔智家的会员服务界面，如图3－27所示。

图 3－27　海尔智家的会员服务界面

（2）订阅服务内容。海尔智家公众号可以申请设备安装服务，可以查看维修进度等服务内容。在会员中心点击返回按钮 ◁，进入个人家庭页面，然后点击右下角“我的”，进入个人会员信息主页。以申请维修服务为例，点击“维修服务”，添加维修申请，添加完成后提交即可，如图 3－28 所示。

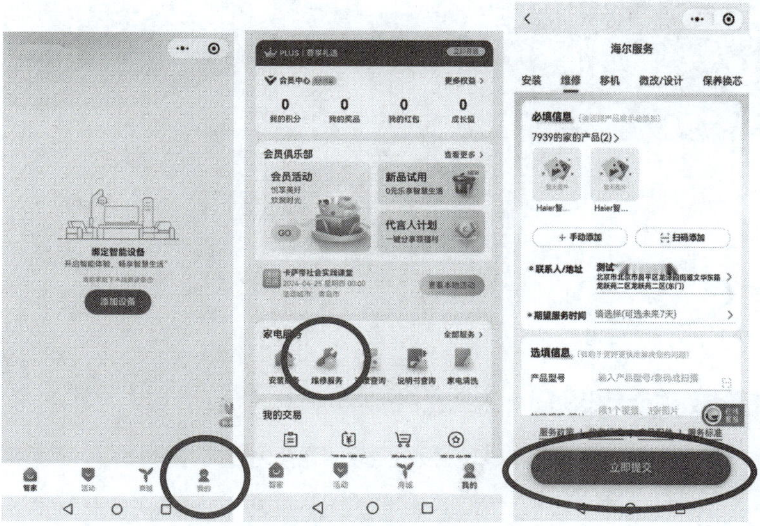

图 3－28　用公众号申请“维修服务”

（3）公众号通知免打扰。如果想要公众号推送消息无提示可进行如下操作：进入公众号，点击右上角人物图标，跳转公众号详情界面，点击右上角三个点，在设置中打开消息免打扰，如图 3－29 所示。

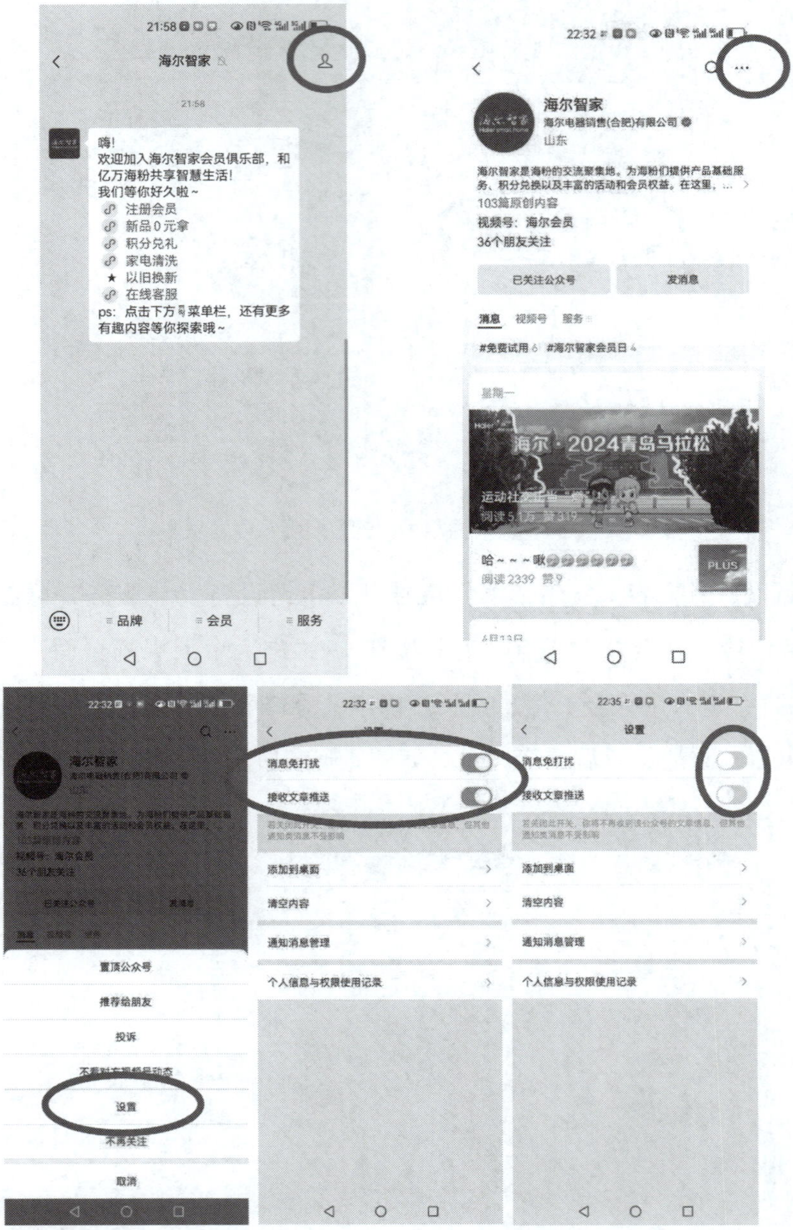

图 3－29　设置公众号通知免打扰

培训课程 2

使用物联网应用软件

学习单元 1 物联网应用软件的配置及使用

一、识读物联网应用软件说明书

软件说明书主要是以应用文体的方式对某软件的使用进行相对详细的描述，方便人们认识和了解某软件。说明书根据需要，有图片、图表等多种形式。

1. 常见物联网应用软件说明书（文档）的类型

（1）txt 类型

txt 是微软在操作系统上附带的一种文本格式，是最常见的文件格式之一，主要用于存储文本信息，可通过记事本等程序保存该类信息，大多数软件可以查看，如记事本、浏览器等。

txt 即文本文件，在桌面或文件夹用点击右键的方式建立。txt 格式具有体积小、存储简单方便、不易中毒、通用性强等优点，但也存在用记事本阅读时不支持标签记录、不能标记书签、阅读体验不够生动等缺点。

（2）doc 类型

doc 是电脑文件常见文件扩展名的一种，亦是 Word 2003 以前版本的文本文档，自 Word 2007 之后为 docx。

微软的“doc”格式是一种专属格式，其档案可容纳更多文字格式、脚本语言及复原等信息，但因为该格式属于封闭格式，因此其兼容性较低。

除了 Microsoft Office 和 WPS Office，苹果 macOS 自带的“文本编辑”程序也可

以把文件输出为 doc 格式。

（3）PDF 类型

PDF 是 portable document format 的简称，意为可携带文档格式，是由 Adobe Systems 用于与应用程序、操作系统、硬件无关的方式进行文件交换所发展出的文件格式。PDF 文件以 PostScript 语言图像模型为基础，无论在哪种打印机上都可保证输出精确的颜色和准确的打印效果，即 PDF 会忠实地再现原稿的每一个字符、颜色以及图像。

PDF 是一种电子文件格式，与操作系统平台无关，在各种操作系统中通用。这一特点使它成为在 Internet 上进行电子文档发行和数字化信息传播的理想文档格式。越来越多的电子图书、产品说明、网络资料、电子邮件开始使用 PDF 格式文件。

Adobe 公司设计 PDF 文件格式的目的是跨平台支持多媒体集成信息的出版和发布，尤其是提供对网络信息发布的支持。PDF 文件具有许多其他电子文档格式无法相比的优点，如可以将文字、字体、格式、颜色及独立于设备和分辨率的图形图像等封装在一个文件中。PDF 格式文件还可以包含超文本链接、声音和动态影像等电子信息，支持特长文件，集成度和安全可靠性都较高。

对普通读者而言，用 PDF 制作的电子书具有纸版书的质感和阅读效果，可以逼真地展现原书的原貌，且显示大小可任意调节，给读者提供了个性化的阅读方式。

（4）HTML 类型

HTML 称为超文本标记语言，是一种标识性的语言。它包括一系列标签，能将网络上的文档格式统一，使分散的 Internet 资源连接为一个逻辑整体。HTML 文本是由 HTML 命令组成，HTML 命令可以说明文字、图形、动画、声音、表格、链接等。

超文本是一种组织信息的方式，它通过超级链接方法将文本中的文字、图表与其他信息媒体相关联，这些相互关联的信息媒体可能在同一文本中，也可能在其他文件或是地理位置相距遥远的某台计算机上的文件中。这种组织信息方式将分布在不同位置的信息资源用随机方式进行连接，为人们查找、检索信息提供了方便。

HTML 在 Web 迅猛发展的过程中起着重要作用，但随着网络应用的深入，特别是电子商务的应用，HTML 过于简单的缺陷逐渐显现，如不可扩展、没有语义结构等。

（5）RTF 类型

富文本格式（rich text format）即 RTF 格式，又称多文本格式，是由微软公司开发的跨平台文档格式。大多数的文字处理软件都能读取和保存 RTF 文档。富文本格式是一种方便于不同的设备、系统查看的文本和图形文档格式。

RTF 使用美国国家标准协会（ANSI，American National Standards Institute）、PC-8、Macintosh（mac 苹果）或 IBM 的 PC 字符设置控制显示形式和打印形式。在不同的操作系统下创建的 RTF 文档可以在多种操作系统和应用程序之间互相传输、查看，可作为 MS-DOS、Microsoft Windows、OS/2、Macintosh 苹果系统及应用程序之间处理文档的特殊翻译软件。

RTF 是一种类似 doc 格式的文件，有很好的兼容性，使用 Windows“附件”中的“写字板”就能打开并进行编辑。对普通用户而言，RTF 格式是一个很好的文件格式转换工具，可用于在不同应用程序之间进行格式化文本文档的传送。

兼容性是 RTF 的最大优点，但它也存在文件一般相对较大、Word 等应用软件特有的格式可能无法正常保存等缺点。

2. 常见的文档阅读软件类型

（1）Microsoft Office Word

Microsoft Office Word 是微软公司的文字处理器应用程序，最初是由 Richard Brodie 于 1983 年为了运行 DOS 的 IBM 计算机而编写。后续版本可运行于多种系统，并成为 Microsoft Office 的一部分。Microsoft Office Word 提供了丰富的文档创建工具和功能集，供创建复杂的文档使用。

（2）WPS Office

WPS Office 是由北京金山办公软件股份有限公司自主研发的一款办公软件套装，具备文字、表格、演示、PDF 阅读等多种功能。具有内存占用低、运行速度快、云功能多、强大插件平台支持等优点。支持阅读和输出 PDF（.pdf）文件、具有全面兼容微软 Office 97-2010 格式的独特优势，覆盖 Windows、Linux、Android、iOS 等多个平台。WPS Office 支持桌面和移动办公，且 WPS 移动版通过 Google Play 平台，已覆盖超 50 多个国家和地区。

个人版 WPS Office 产品特点包括空间占用小、功能易用、互联网化、文档漫游功能等。另外，WPS 第四组件“轻办公”，以私有、公共等群主模式协同工作并云端同步数据的方式，满足不同的协同办公需求，使团队合作办公更高效，更轻松。

（3） Adobe AcrobatReader

Adobe AcrobatReader 是官方出品的阅读器，可阅读 PDF 文档，填写 PDF 表格，查看 PDF 文件信息，还能快速编辑 PDF 文档，并转换 Word、Excel 文档，稳定性和兼容性好。

二、根据软件说明书配置物联网应用软件

下面以下载安装萤石视频软件为例，讲解根据软件说明书配置物联网应用软件。

1. 运行环境

操作系统：Microsoft Windows 10/ Windows 8（32/64 位中、英文操作系统）。

CPU：Intel Pentium IV 3.0 GHz 或以上。

内存：2G 或更大。

显示设备：支持 1024 × 768 或更高分辨率。

2. 下载软件

访问萤石官网进行软件下载，如图 3 - 30 所示。

图 3 - 30　萤石官网软件下载界面

可以使用浏览器自带的下载软件或者其他下载软件进行下载，此处以迅雷为例进行讲解，可以选择软件安装包的下载位置，如图 3 - 31 所示。

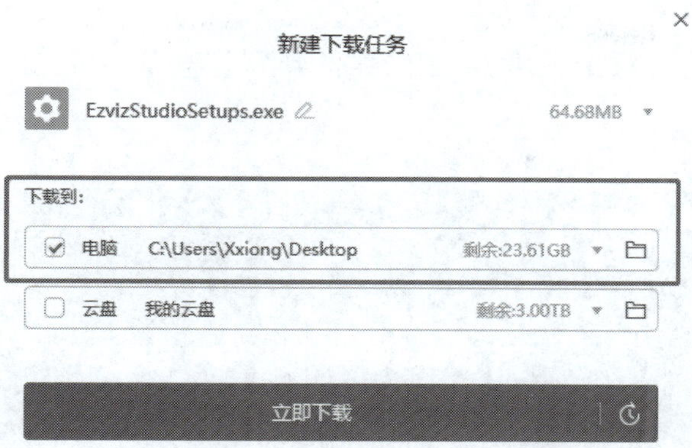

图 3－31　选择下载位置

3. 安装软件

下载完成后进行软件安装，找到安装包的位置，双击或者点击右键打开，进入安装程序，点击“下一步”按钮。此时可以选择软件安装位置（默认或自定义），然后依次点击“下一步”直到软件安装完成，如图 3－32 所示。

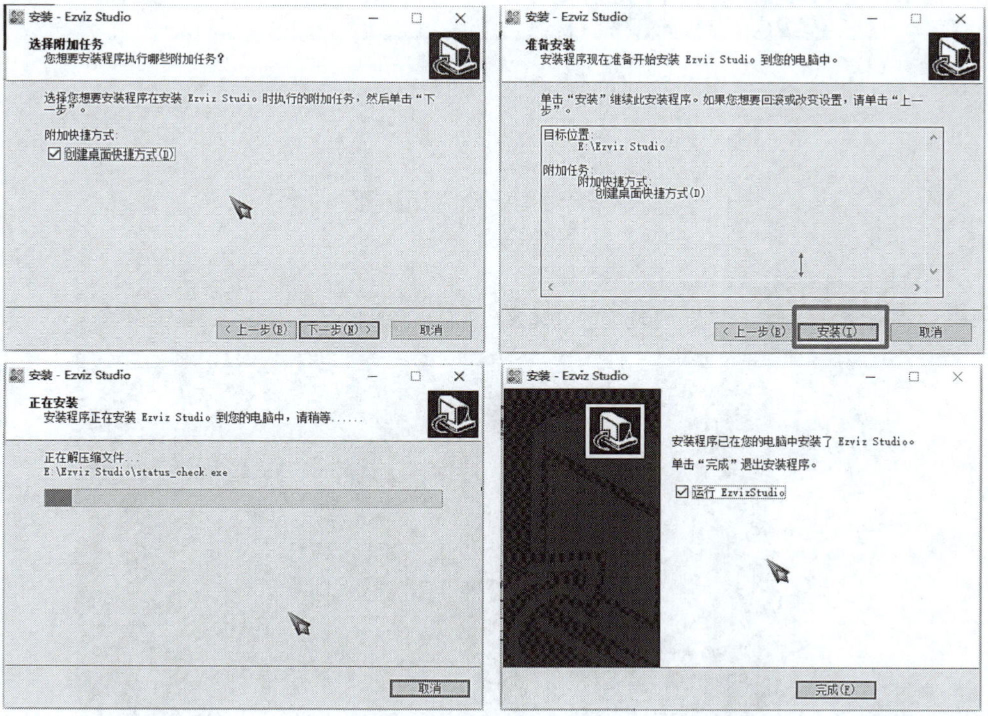

图 3－32　软件安装过程

4. 注册软件

（1）安装完成后双击或者点击右键打开软件并进入运行界面，如图 3－33、图 3－34 所示。

图 3－33　萤石软件启动界面

图 3－34　萤石软件运行界面

（2）注册

点击右上角“请登录”，然后点击“注册”，如图 3－35 所示。

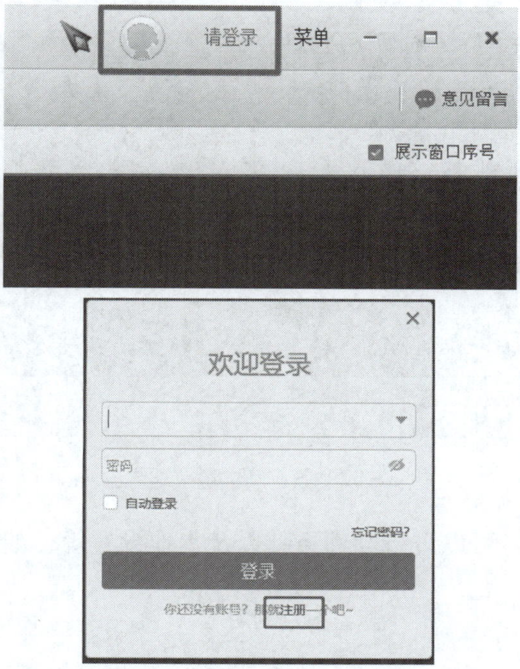

图 3－35　萤石软件注册界面

进入注册界面之后，填写注册信息并根据操作指示完成注册，如图 3－36 所示，然后登录软件。

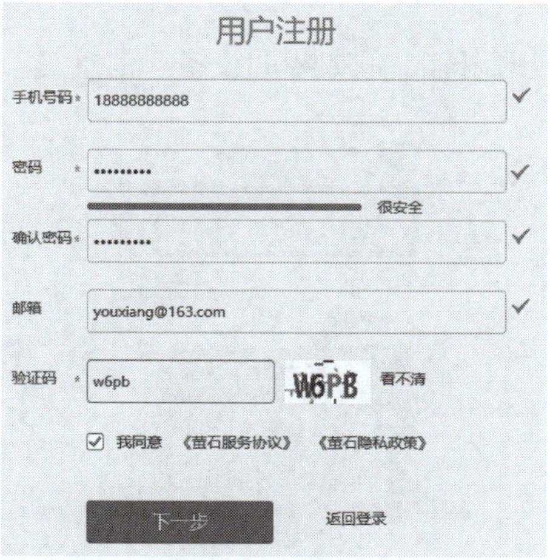

图 3－36　萤石软件填写注册信息界面

登录软件后，可以看到登录状态以及当前自己设备的信息，如图 3－37 所示。

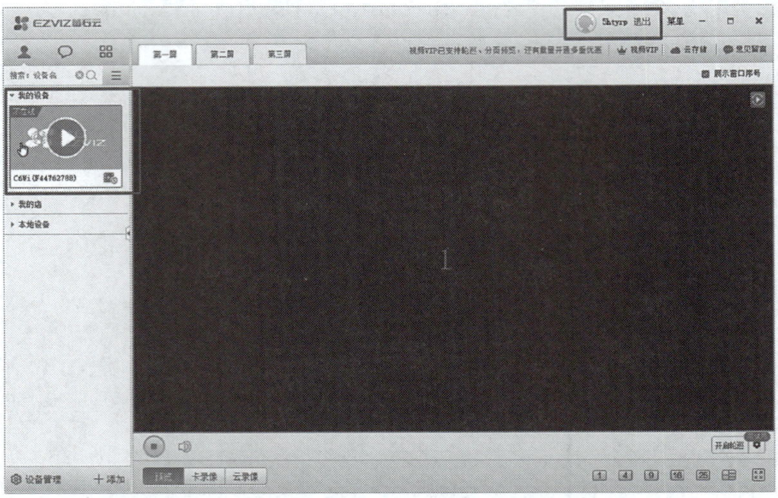

图 3－37　萤石软件登录后界面

点击右上角菜单，可以进行软件更新以及本地设置等，如图 3－38 所示。

图 3－38　萤石软件设置界面

在左侧可以查看不同的内容，例如我的设备、消息等，如图 3－39 所示。

图 3－39　萤石软件信息查看界面

点击左下角可以进行设备管理等，如图 3－40 所示。

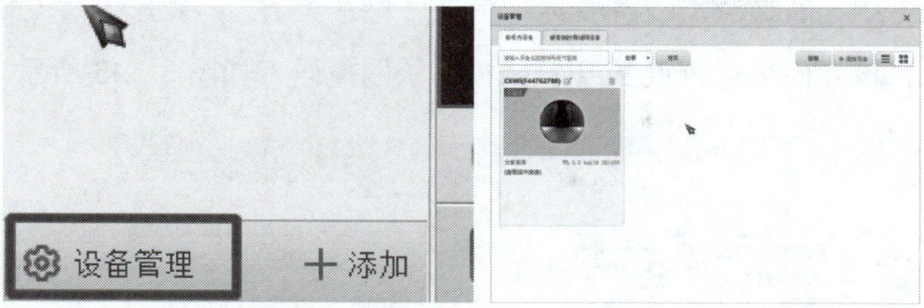

图3－40　萤石软件设备管理界面

可进行添加或者删除设备操作，添加或者删除已有的设备。此处讲解添加功能，点击左下角“添加”按钮，如图 3－41 所示。

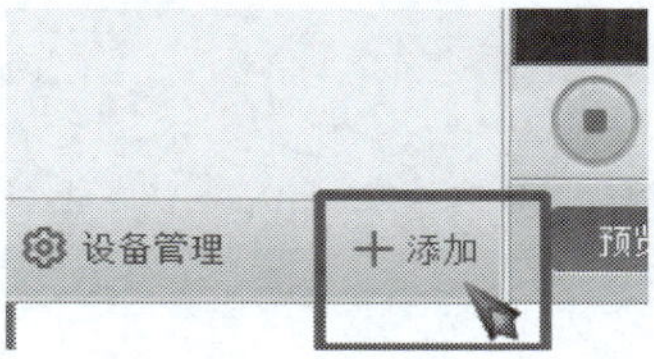

图3－41　点击“添加”按钮

可以选择局域网扫描添加（设备和软件处于同一 Wi-Fi 网络环境下），也可以通过序列号查询添加，通常在设备上可以查到序列号，如图 3－42 所示。

图3－42　添加设备

添加设备完成后，即可对设备进行相关操控。

至此，软件主要功能配置基本完成。不同的物联网软件有不同的配置方式以及配置内容，用户可以根据需求进行操作或者进入官网查询相关资料。

三、使用物联网应用软件

完成对软件的相关配置后，就可以使用软件对设备进行操作了，下面仍以萤石为例进行讲解。

1. 网络配置

本地设备中，右键点击设备名称，单击“网络配置”，会弹出修改设备网络参数对话窗口，该界面可更改设备 IP、网关、子网掩码，如图 3－43 所示。

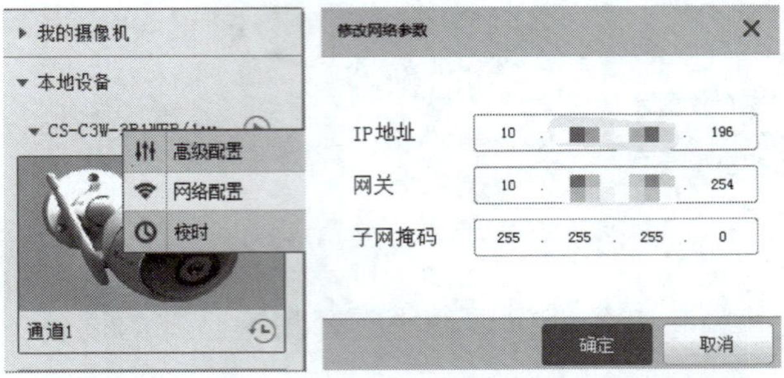

图 3－43 萤石软件网络配置界面

2. 快速搜索设备

同一个局域网中的设备，输入设备名称如 C3W，点击“”，可快速找到该设备。

3. 设备校时

本地设备中，右键点击设备名称，单击“校时”，可对该监控点进行校时，将设备时间校准为本地计算机的时间。

4. 实时预览

（1）本地预览

萤石工作室界面，在左侧显示列表中点击本地监控设备，点击“”进入预览界面，拖动监控设备到需要的播放窗口或者选择播放窗口后单击监控设备，实现监控设备的实时预览，如图 3－44 所示。

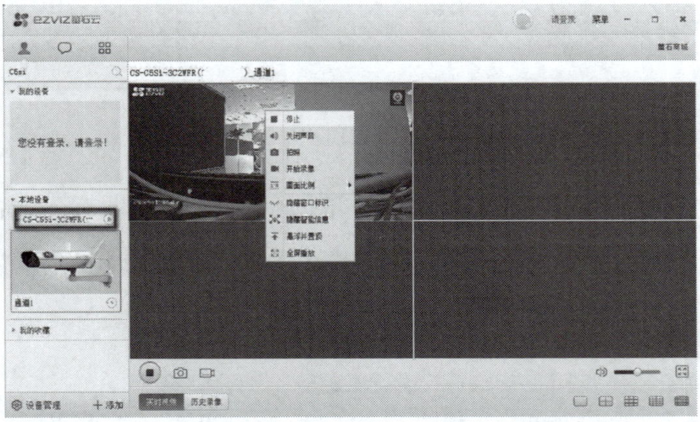

图 3－44 萤石软件本地预览界面

需注意如下要点。

1）本地设备需要计算机和设备处于同一个局域网内才可以搜索到。

2）设备第一次通过萤石工作室本地设备预览时，需要输入设备的验证码/激活密码验证通过才可以预览。

（2）手动抓拍

在预览通道画面中，点击“”或者右键选择拍照，都可对该通道实时预览画面进行拍照。拍照成功后，可弹出缩略图以及保存路径，同时桌面右下角会弹出图片缩略图及路径提示，双击缩略图可打开所抓取的图片，单击路径可打开文件保存路径，如图3－45所示。

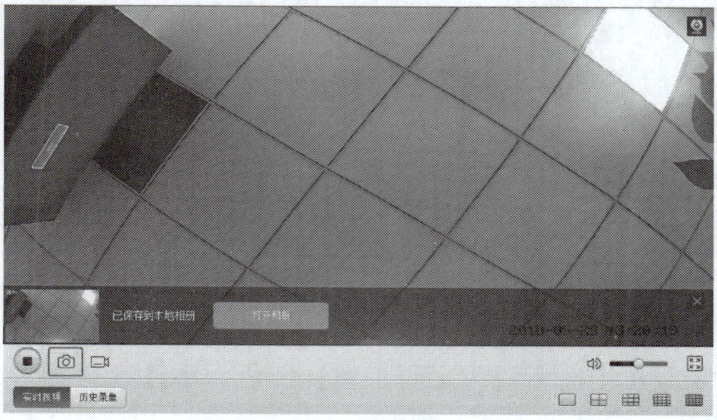

图3－45　萤石软件手动抓拍界面

（3）手动录像

在预览通道画面中，点击“”或右键选择录像，可对该通道进行手动录像，手动录像成功后预览画面右上角会有时间“”提示，提示该通道正在进行录像，如图3－46所示。

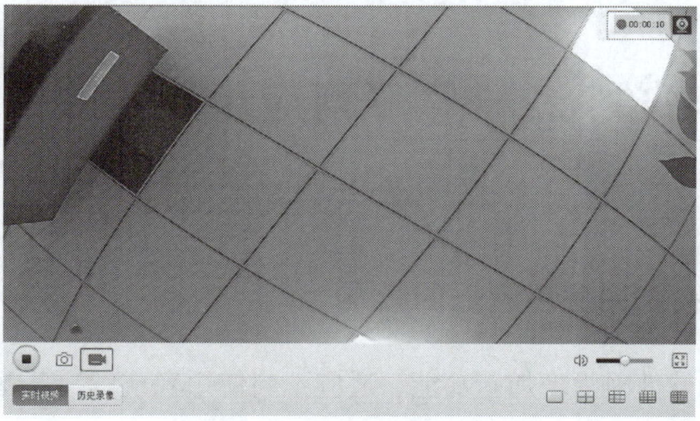

图3－46　萤石软件手动录像界面

5. 历史回放

（1）历史录像查看

在本地设备预览界面中，选择“历史录像”按钮，进入历史回放界面，如图 3－47 所示。

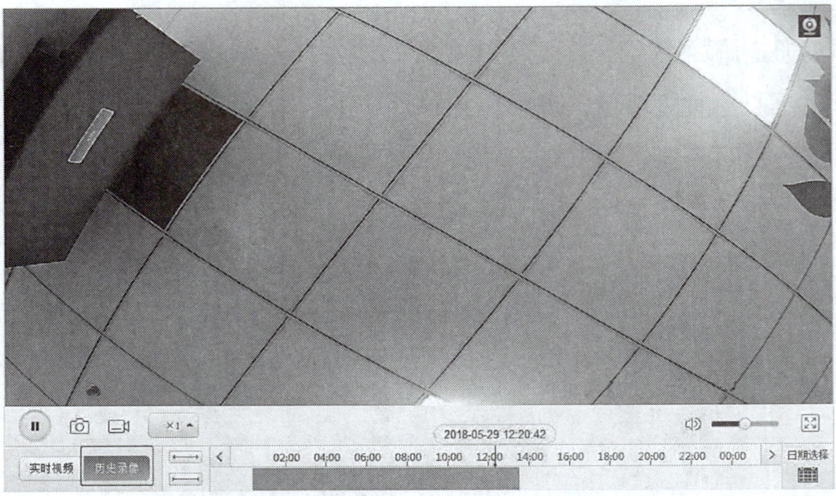

图3－47　萤石软件历史回放界面

说明：进度条颜色中的蓝色为定时录像，红色为事件（报警）录像。

（2）历史录像搜索

点击回放界面右下角“日期选择”，选择录像回放日期，若日期右下角有橘红色横杠标识，说明该日期有录像可查。

该物联网应用软件的基本使用方式如上所述，但是不同的物联网软件会有不同的使用方式，针对不同的软件，需要根据其使用说明书进行操作。

学习单元 2　物联网应用软件的维护

一、检查物联网应用软件的版本

软件版本是软件因为增加新功能、适应不同使用者或解决某些问题进行更新后，与更新前的软件做区分而设置的编号。版本号的数字用于区分软件的新旧，数字越大通常表示软件版本越新。

一般软件的版本编号除了数字及日期，还有多种英文代码。

（1）RC：表示 release candidate（候选版本），用在软件上就是发行候选版本，也就是说不能算是正式的发布版。

（2）GA：表示 general availability，即正式发布的版本。

（3）Alpha：为内测版，用在软件版中表示最初级的版本。通常情况下供内部测试使用，会有很多缺陷。除非是测试人员，否则不建议使用。

（4）Beta：为公测版，是比 Alpha 稍高的版本，主要用于面向公众进行测试及收集 bug（程序缺陷），这个阶段的版本可能存在较多 bug，且可能会加入一些新的功能。

（5）EVAL：为体验版或评估版，功能上与正式版没有区别，但有时间或空间上的限制。

（6）Final：为正式版，修正了 Alpha 版和 Beta 版的 bug。

（7）Free：为免费版。

（8）Full：为完全版。

（9）OEM：为随机版，只能随计算机出售，不能零售。

（10）Pro：为专业版，需要注册后才能解除限制，否则为评估版本。

操作技能

检查物联网应用软件版本

1. 检查计算机端物联网应用软件版本的常用方法

检查计算机端物联网应用软件版本常用的方法有属性查看、系统查看等。检查步骤如下。

（1）通过属性查看软件版本

选择需要查看的软件图标，单击右键，在弹出的选项中点击“打开文件位置”，如图 3-48 所示。

进入所在位置后，单击右键，选择“属性”。进入属性窗口，点击“详细信息”标签，如图 3-49、图 3-50 所示。

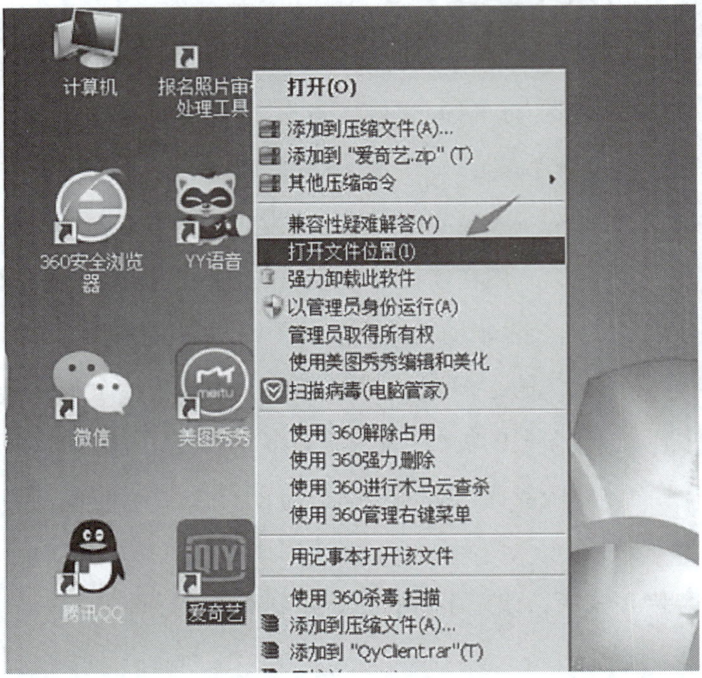

图3－48　打开文件位置

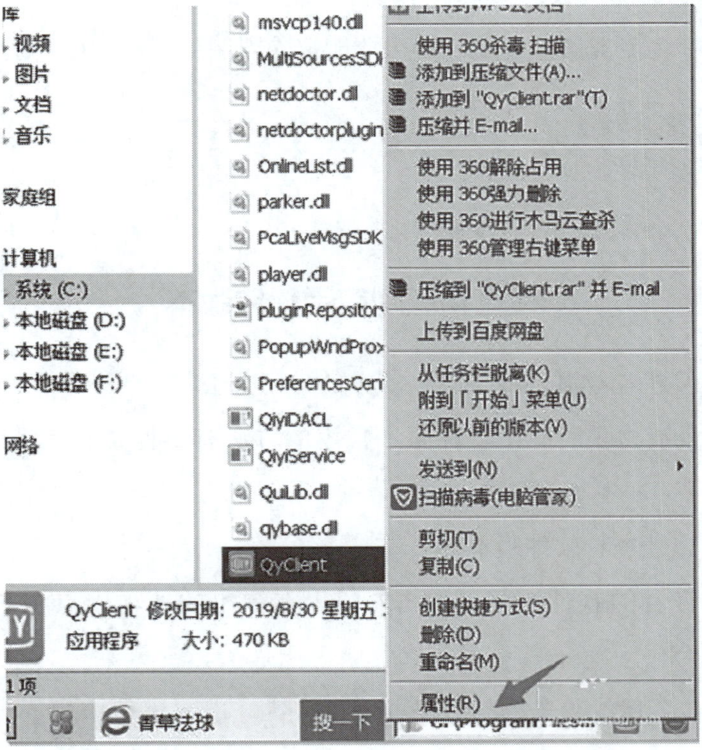

图3－49　点击文件属性

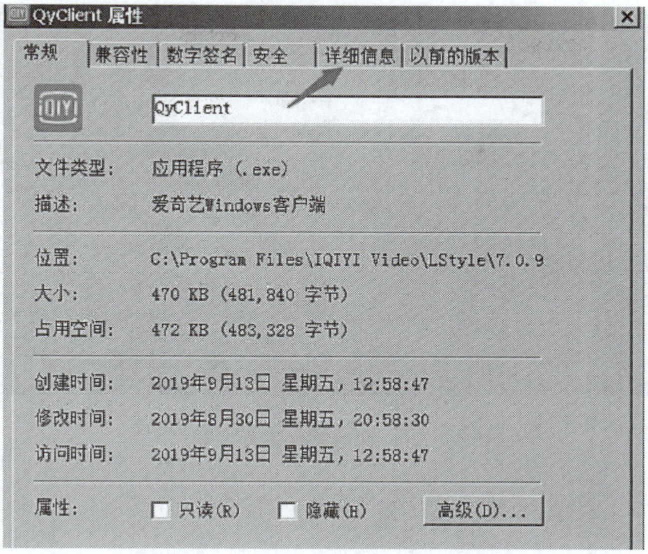

图 3－50 文件详细信息

在对应标签页中即可查看软件版本，如图 3－51 所示。

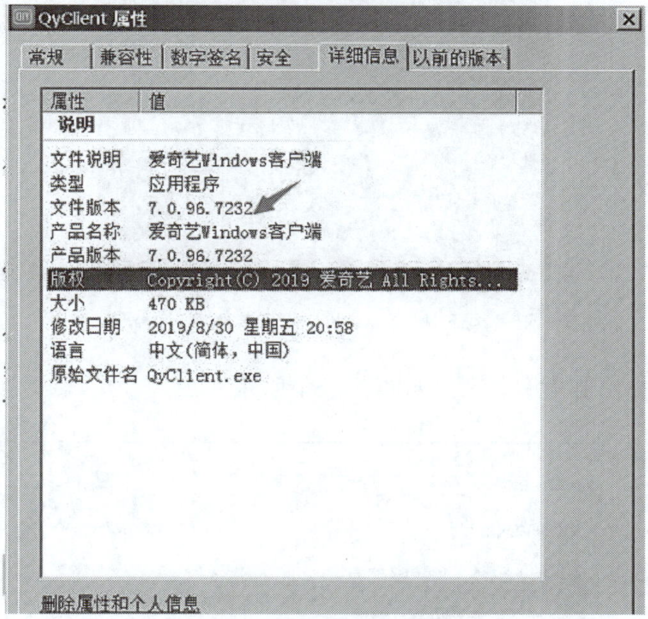

图 3－51 文件属性详细信息

（2）通过系统查看软件版本

1）点击“开始”按钮。

2）之后点击“Windows 系统”，如图 3－52 所示。

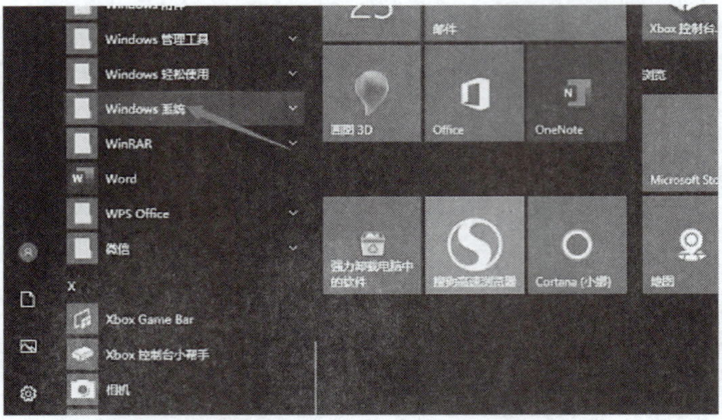

图3－52　Windows 系统菜单

3）然后点击“控制面板”选项，如图3－53所示。

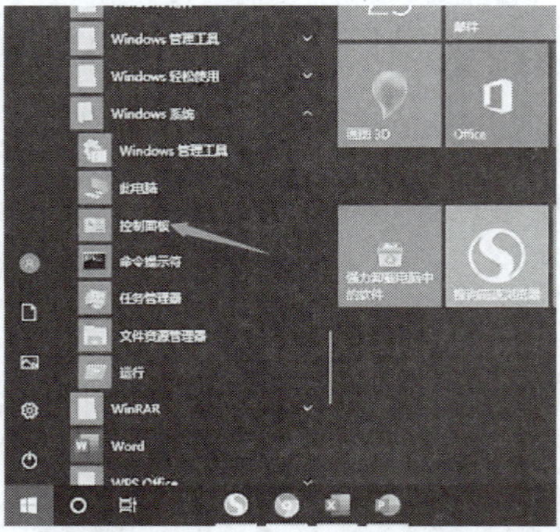

图3－53　点击 Windows 系统菜单“控制面板”选项

4）之后点击“卸载程序”，如图3－54所示。

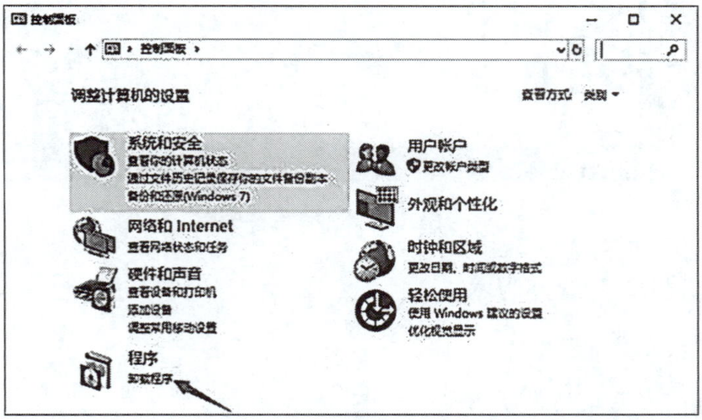

图3－54　计算机 Windows 系统菜单控制面板

5）在弹出的“程序和功能”窗口中可以看到计算机中安装的各个软件及其版本号信息，如图3－55所示。

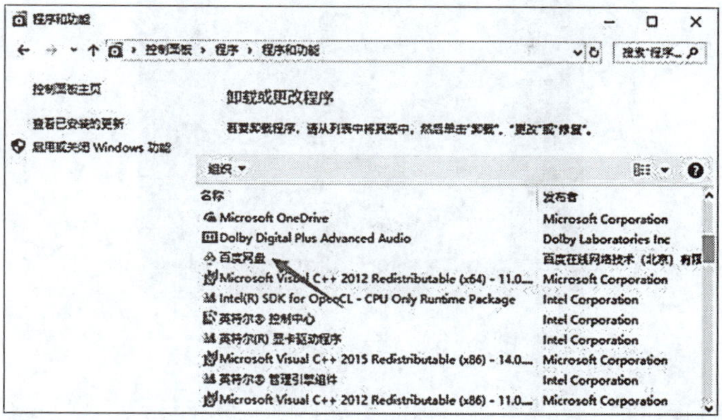

图3－55　查看计算机Windows系统软件

（3）在软件的菜单栏中选择“关于”选项，在打开的“关于”界面中可查看软件详细信息，包括版本号。

2. 检查移动端物联网应用软件版本的常用方法

检查移动端物联网应用软件版本的常用方法包括在“文件管理”中查看和在软件内部查看等。

检查移动端物联网应用软件版本的步骤如下。

（1）通过“文件管理”查看

1）点击展开手机上“实用工具”图标，如图3－56所示。

图3－56　点击展开“实用工具”图标

2）选择“文件管理”，如图3－57所示。

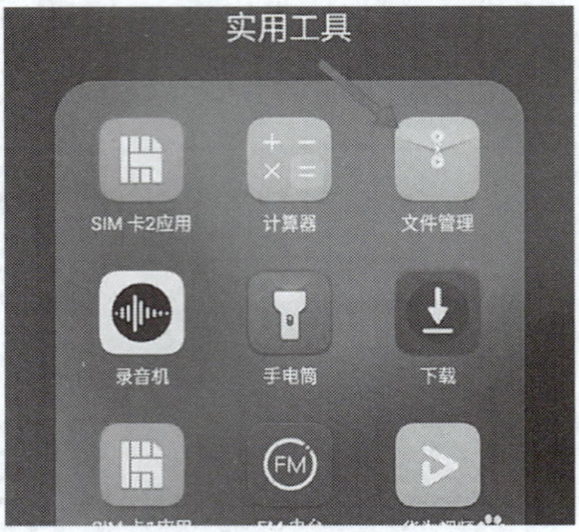

图3－57　选择“文件管理”

3）进入浏览界面后，点击“应用”，如图3－58所示。

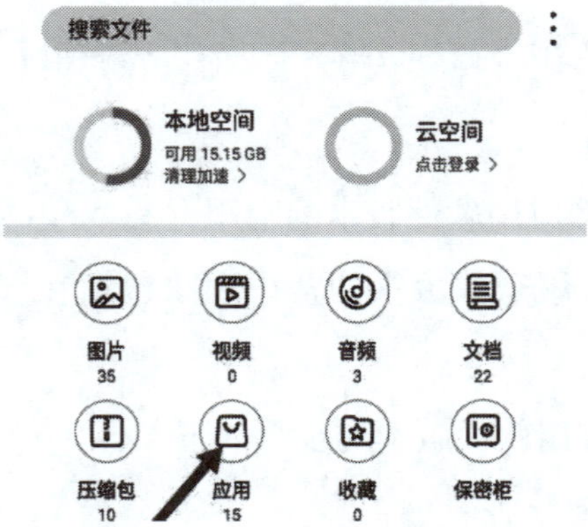

图3－58　点击智能手机上的“应用”项目

4）在“应用”项目中的“已安装”下，可以看到所有的软件版本和占用内存大小，如图3－59所示。

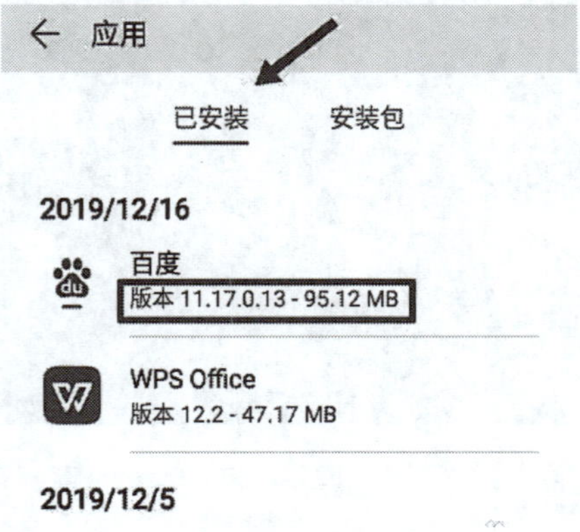

图3－59　查看智能手机上的已安装应用软件

（2）通过软件内部查看软件版本号

通过软件内部查看软件版本号的一般步骤：进入软件首页，依次点击“我的”—“设置”按钮—关于，获取版本号。以“京东金融”为例，查看步骤如下。

1）首先进入软件首页，点击“我的”，如图3－60所示。

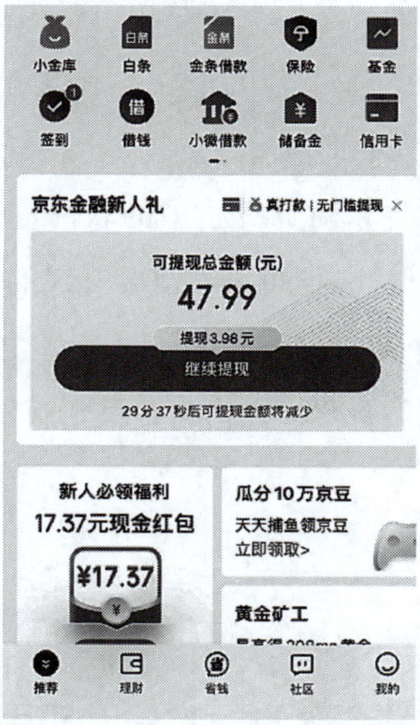

图3－60 “京东金融”首页

2）点击右上方的设置按钮，再点击“关于”，查看版本号，如图3－61所示。

图3－61 查看版本号

二、物联网应用软件的更新方法

1. 计算机端物联网应用软件的更新方法

（1）使用软件菜单中的更新选项功能进行更新

首先打开需要更新的软件，然后点击菜单，弹出选项菜单。点击其中的“手动检查最新版”，便可开始更新安装包的下载，下载完成后会自动进行安装，如果没有自动安装，则手动点击安装即可。

（2）使用相关的管理软件来对计算机中的软件进行检测更新。进入更新软件功能的窗口，点击“软件升级”，便可查看需要升级的软件，接下来点击想要更新的软件右方的“升级”按钮，开始升级下载安装。

（3）进入相应软件的网站首页，点击下载最新版安装包，进行安装。

操作技能

使用 360 软件管家进行物联网应用软件的更新

如果软件出现了新版本，在连接网络的情况下 360 软件管家会进行提示，“升级”图标处的数字会显示有多少已安装的软件可以进行更新，如图 3－62 所示。

图 3－62　360 软件管家主界面

点击“升级”后，可以查看具体有哪些软件需要更新，更新日志会显示更新了哪些内容，然后点击需要更新的软件进行更新，如图 3－63 所示。

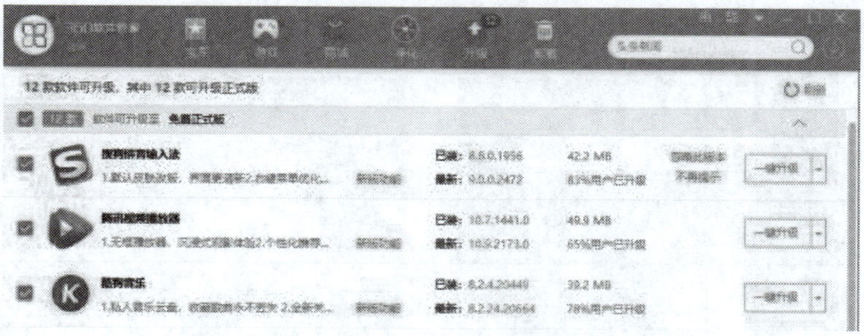

图 3－63　360 软件管家软件更新界面

2. 移动端物联网应用软件的更新方法

软件需要及时进行更新才能保证安全性，同时获得更新、更多的功能。移动端物联网应用软件更新的常用方法如下。

（1）通过浏览器进行更新

以 UC 浏览器为例，通过“装机必备”中的“软件更新”功能，便能完成应用软件的更新。其他浏览器一般也有软件更新的功能，如图 3－64 所示。

图 3－64　UC 浏览器软件更新功能

（2）通过安全软件进行应用软件更新

一般的安全软件有相关的辅助更新功能，可以通过此功能来更新移动终端的软件。以百度手机卫士为例，使用其“应用管理”功能进行软件更新，如图 3－65 所示。

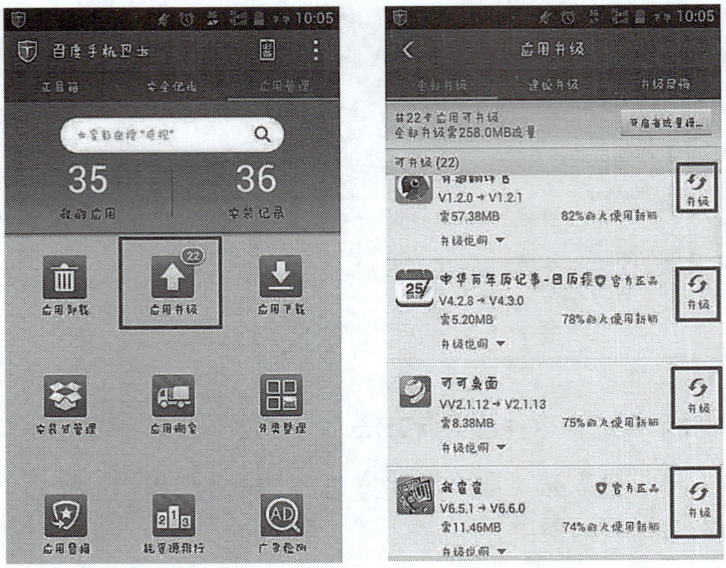

图3－65　百度手机卫士软件更新功能

（3）使用软件自身的更新检测功能进行软件更新

一般软件本身会自动检测是否有新版本，如有会提示更新，也可以手动进行软件版本检测更新。例如百度手机卫士，可通过其菜单中的“检查升级”功能进行软件更新，如图 3－66 所示。

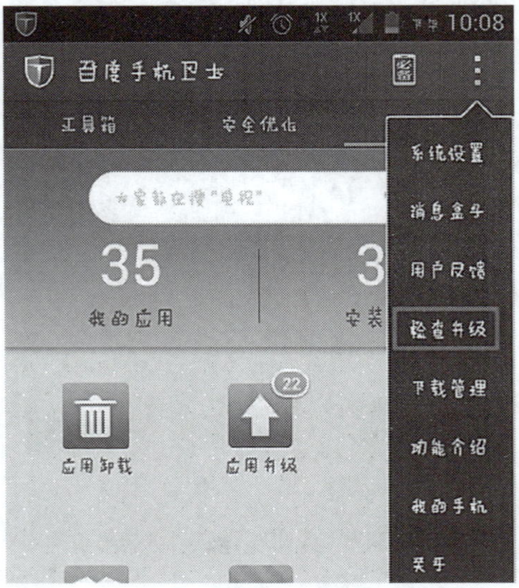

图3－66　百度手机卫士自身软件更新

（4）使用计算机中安装的手机助手进行检查更新

将手机连接到计算机上，然后通过手机助手进行软件检查更新。

三、卸载物联网应用软件

下面分别介绍在计算机端和移动端卸载物联网应用软件的方法。

1. 卸载计算机端物联网应用软件

计算机端物联网应用软件可以通过系统卸载或通过电脑管家等管理软件卸载，具体卸载方法如下。

（1）通过计算机系统卸载物联网应用软件

1）打开控制面板选项后，里面的查看方式选择类别，或者按“Windows + I”组合键打开“设置”界面，如图3－67所示。

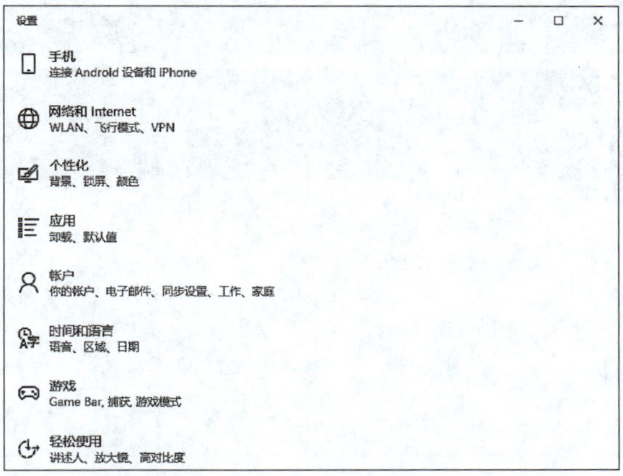

图3－67 打开“设置”界面

2）选择“应用”，点击“应用和功能”选项，进入“应用和功能”界面，如图3－68所示。

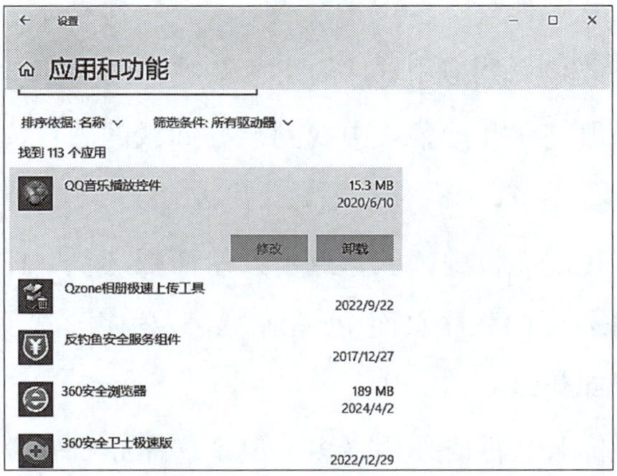

图3－68 进入“应用和功能”界面

3）在里面找到想要卸载的程序后，点击程序图标，点击“卸载”按钮，根据提示卸载该软件。

（2）使用电脑管家卸载物联网应用软件

1）打开电脑管家，选择工具箱，如图3－69所示。

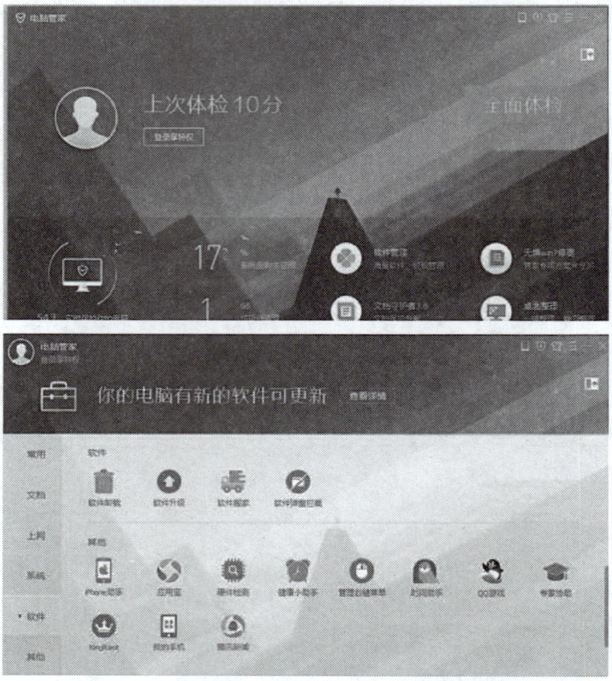

图3－69　打开电脑管家的工具箱

2）选择卸载选项，再选择相应的程序点击卸载即可，卸载完之后要清理垃圾文件并删除该软件相应的注册表文件，不然会导致再次安装软件时显示已安装该软件无法继续安装的状况。

（3）卸载计算机端物联网应用软件的注意事项

卸载软件时，一般是在开始菜单中找到想要卸载的软件，点开后再点击卸载即可。

当然，也可以在控制面板中卸载，点击开始面板选项，在打开的页面中点击“程序选项”，然后在打开的程序页面中点击“卸载程序”选项，找到要卸载的程序，鼠标右击，选择卸载即可。

以上两种方法在卸载软件时使用最多，但是这样卸载软件一般不能彻底清除数据，可以通过第三方软件，如电脑管家、360安全卫士等来卸载。

另外，程序在安装好之后，会自动创建一个文件夹，在文件夹中有一个名为 Uninstall. exe 的程序，也可以运行它来卸载。

2. 卸载移动端物联网应用软件

移动端物联网 App 卸载常见方法有如下几种。

（1）在桌面上长按 App 图标卸载软件

在安卓系统的桌面上长按 App 图标会出现对 App 的操作，比如换图标、改名字、删除、卸载等操作。在部分桌面系统长按 App 图标后会进入编辑模式，此时可将图标拖到屏幕边缘进行卸载操作或按叉号删除。

（2）在程序管理菜单里卸载软件

在“主菜单—应用程序—管理应用程序”下可以看见已经安装的 App，选择需要操作的 App，对其进行相应的操作。

（3）应用管理软件卸载软件

移动端应用管理软件可以看见已经安装好的软件，软件的排序可以根据软件名称、安装时间、占用空间等进行排序，选中需要卸载的软件，点击卸载即可完成。

例如使用腾讯手机管家卸载不需要的软件，使用方法为打开腾讯手机管家，先后点击“软件管理—软件卸载—预装软件—卸载”即可卸载。